水产科学实验教材

鱼类学实验

主编　马　琳

编者　马　琳　于瑞海

中国海洋大学出版社
·青岛·

图书在版编目(CIP)数据

鱼类学实验/马琳主编. —青岛:中国海洋大学出版社,
2009.6(2020.9重印)
水产科学实验教材
ISBN 978-7-81125-329-0

Ⅰ.鱼… Ⅱ.马… Ⅲ.鱼类学—实验—高等学校—教材
Ⅳ.Q959.4-33

中国版本图书馆 CIP 数据核字(2009)第 090910 号

出版发行	中国海洋大学出版社		
社 址	青岛市香港东路 23 号	邮政编码	266071
网 址	http://www.ouc-press.com		
电子信箱	WJG60@126.com		
订购电话	0532—82032573(传真)		
责任编辑	魏建功	电 话	0532—85902121
印 制	蓬莱利华印刷有限公司		
版 次	2010 年 3 月第 1 版		
印 次	2020 年 9 月第 4 次印刷		
成品尺寸	170 mm×230 mm		
印 张	9.25		
字 数	171 千字		
定 价	35.00 元		

水产科学实验教材编委会

主　　编　温海深
副主编　王昭萍　唐衍力
编　　委　温海深　王昭萍　唐衍力
　　　　　张文兵　曾晓起　马　琳
　　　　　于瑞海

图1.日本七鳃鳗 *Lampetra japonica*

图2.梅花鲨 *Halaelurus burgeri*

图3.皱唇鲨 *Triakis scyllium*
（于瑞海提供）

图4.尖头斜齿鲨 *Squatina sorrakowah*
（马牪摄）

图5.条纹斑竹鲨 *Chiloscyllium plagi-osuin*

图6.扁头哈那鲨 *Notorynchus plat-ycephalus*

图7.日本扁鲨 *Squatina japonica*

图8.黑斑双鳍电鳐 *Narcine maculata*

图9.光虹 *Dasyatis laevigatus*（马牪摄）

图10.尖嘴虹 *Dasyatis Laevigatus*
（马牪摄）

图11.聂氏无刺鲼 *Atomylaeus nichofii*

图24.北梭鱼 *Albwlavulpes*（叶振江提供）

图19.大马哈鱼 *Oncorhynchus keta*

图13.海鲢 *Psenopsis anomala*

图20.虹鳟 *Salmo gairdneri*（于瑞海提供）

图14.斑鰶 *Clupanodon punctatus*（马甡摄）

图21.乌苏里白鲑 *Coregonus ussuriensis*

图15.鳓鱼 *Ilisha elongate*

图22.大银鱼 *Protosalanx hyalocranius*

图16.日本鳀 *Engraulis japonicus*

图23.长蛇鲻 *Sauride elongate*（马甡摄）

图17.刀鲚 *Coilia ectenes*（马甡摄）

图24.龙头鱼 *Harpodon nehereus*（马甡摄）

图18.黄鲫 *Setipinna taty*（马甡摄）

图25.大头狗母鱼 *Trachinocephalus myops*（马甡摄）

图26. 海鳗 *Muraenesox cinereus*

图27. 星康吉鳗 *Conger myriaster*(马姓摄)

图28. 网纹裸胸鳝 *Gymnothorax reticularis*(马姓摄)

图29. 马口鱼 *Opsariichthys bidens*

图30. 青鱼 *Mylopharyngodon piceus*

图31. 草鱼 *Ctenopharyngodon idellus*

图32. 丁鱥 *Tinca tinca*

图33. 赤眼鳟 *Squaliobarbus curriculus*

图34. 青海湖裸鲤 *Gymnocypris przewalskii*

图35. 团头鲂 *Megalobrama amblycephala*(马姓摄)

图36. 鲤 *Cyprinus carpio*(于瑞海提供)

图37. 鲫鱼 *Carassius auratus*(马姓摄)

图38. 鲢 Hypophthalmichthys mol-itrix(马牲摄)

图39. 鳙 Aristichys nobilis(马牲摄)

图40. 黄颡鱼 Pseudobagrus fulvldraco

图41. 长吻鮠 Leiocassis longirostris

图42. 横带扁颌针鱼 Ablennes hians（马牲摄）

图43. 日本鱵 Hemirhamphus sajori

图44. 秋刀鱼 Cololabis saira（马牲摄）

图45. 松球鱼 Monocentrus japonicus

图46. 日本海魴 Zeus japonicus（马牲摄）

图47. 红烟管鱼 Fistularia petimba（马牲摄）

图48. 玻甲鱼 Centriscus scutatus

图49. 日本舿 Sphyraena japonica（马牲摄）

图50. 鲻鱼 Mugil cephalus（马甡摄）

图51. 梭鱼 Mugil soiuy（马甡摄）

图52. 四指马鲅 Eleutheronema te-tradactylum（马甡摄）

图53. 花鲈 Lateolabrax japonicus（马甡摄）

图54. 鳜鱼 Siniperca chuats（马甡摄）

图55. 六带石斑鱼 Epincphelus seXf-asciatus（马甡摄）

图56. 棕点石斑鱼 Epincphelus fusc-oguttatus（马甡摄）

图57. 多鳞鱚 Sillago sihama（于瑞海摄）

图58. 细条天竺鱼 Apogonichthys lin-eatus（叶振江提供）

图59. 短尾大眼鲷 Priacanthus macr-ocanthus（马甡摄）

图60. 蓝圆鲹 Decapterus maruadsi（叶振江提供）

图61. 竹夹鱼 Trachurus japonicus（马甡摄）

图62. 大甲鲹 Megalaspis cordyla
（马甡摄）

图68. 美国红鱼 Sciaenops ocellatus

图63. 黄条鰤 Serioia aureovittata
（马甡摄）

图69. 真鲷 Chrysophys majo（马甡摄）

图64. 大黄鱼 Pseudosciaena crocea

图70. 黑鲷 Acanthopagus schlegel
（马甡摄）

图65. 小黄鱼 Pseudosciaena poJyactis

图71. 花尾胡椒鲷 Plectorhynchus go-
ldmanni

图66. 黄姑鱼 Nibea albiflora（马甡摄）

图72. 横带髭鲷 Hapaloyenys mucrona-
tus（马甡摄）

图67. 鮸鱼 Miichthys miiuy（马甡摄）

图73. 斜带髭鲷 *Hapaloyenys nitens*
（马驻摄）

图74. 条石鲷 *Oplegnathus fasciatus*
（马驻摄）

图75. 斑石鲷 *Oplegnathus punctatus*
（马驻摄）

图76. 眼镜鱼 *Mene maculate*

图77. 朴蝴蝶鱼 *Chaetodon modestus*

图78. 方头鱼 *Branchiostegus argentatus*（马驻摄）

图79. 金线鱼 *Sinocylocheilus grahami*
（马驻摄）

图80. 尼罗罗非鱼 *Orechromis nilotica*

图81. 军曹鱼 *Rachycentron canadum*
（马驻摄）

图82.日本䲢 *Uranoscopus japonicus*

图89.玉筋鱼 *Ammodytes personatus*
（于瑞海摄）

图83.青䲢 *Gnathagnus elongates*
（马甡摄）

图90.矛尾复虾虎鱼 *Synechogobius h-asta*（于瑞海摄）

图84.日本鲭 *Pneumatophorus japo-nicus*（马甡摄）

图91.青弹涂鱼 *Scartelaos viridis*

图86.鲣鱼 *Katsuwonus pelamis*

图92.云鳚 *Enedrias nebulosus*

图87.带鱼 *trichiurus haumela*

图93.缝鳚 *Azunma emmnion*（马甡摄）

图88.银鲳 *Silvery pomfret*（马甡摄）

图94.背点棘赤刀鱼 *Acanthocepola limbata*（马甡摄）

图95. 鮣鱼 *Echeneis naucrates*
（马牲摄）

图96. 黄带鲱鲤 *Upeneus sulphureus*
（马牲摄）

图97. 乌鳢 *Channa argus*

图98. 大口鲽 *Psettodes erumei*

图99. 大菱鲆 *Scophthatmu smaximus*

图100. 牙鲆 *Paralichthys olivaceus*

图101. 木叶鲽 *Pleuronichthys cornutus*
（马牲摄）

图102. 石鲽 *Kareius bicoloratus*

图103. 高眼鲽 *Cleisthenes herzenst-eini*（马牲摄）

图104. 带纹条鳎 *Zebrias zebra*（马牲摄）

图105. 舌鳎 *Cynoglossus semilaevis*
（马姓摄）

图106. 许氏平鲉 *Sebastes schlegeli*
（马姓摄）

图107. 汤氏平鲉 *Sebastes thompsoni*
（马姓摄）

图108. 铠平鲉 *Sebastes hubbsi*
（马姓摄）

图109. 褐菖鲉 *Sebastiscus marmora-tus*
（马姓摄）

图110. 翱翔蓑鲉 *Pterois volitans*

图111. 日本鬼鲉 *Inimicus japonicus*

图112. 单指虎鲉 *Minous monodactylus*
（马姓摄）

图113. 裸胸鲉 *Scorpaena izensis*
（马姓摄）

图114.豹鲂鮄 *Dactyloptena orient-alis*（马骓摄）

图115.短鳍红娘鱼 *Lepidotrigla mi-croptera*（马骓摄）

图116.绿鳍鱼 *Chelidonichthys kumu*

图117.鲬 *Platycephalus indicus*

图118.大泷六线鱼 *Hexagrammos ota-kii*（于瑞海提供）

图119.绒杜父鱼 *Hemitripterus villosus*（马骓摄）

图120.细纹狮子鱼 *Liparis tanakae*（马骓摄）

图121. 丝背细鳞鲀 *Stephanolepis cirrhifer*（马骓摄）

图122.卵圆疣鳞鲀 *Canthidermis ma-culatus*（马骓摄）

图123.角箱鲀 *Ostracion cornutus*

图124. 粒突箱鲀 *Ostracion cubicus*

图129. 黑鳃兔头鲀 *Laeviphysus iner-mis*（马骍摄）

图125. 红鳍东方鲀 *Fugu rubripes*（马骍摄）

图130. 六斑刺鲀 *Diodon holocanthus*（马骍摄）

图126. 黄鳍东方鲀 *Fugu xanthopterus*（马骍摄）

图131. 黄鮟鱇 *Lophius litulon*（马骍摄）

图127. 菊黄东方鲀 *Fugu flavidus*（马骍摄）

图128. 双斑东方鲀 *Fugu bimaculatus*（马骍摄）

图132. 斑条躄鱼 *Antennarius stria-tus*（马骍摄）

图1. 蒲氏盲鳗 *Eptatretus burger*

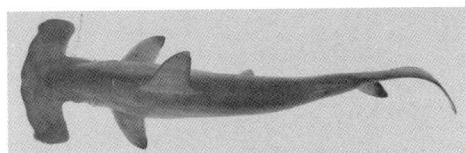

图2. 宽纹虎鲨 *Heterodontus zebra*

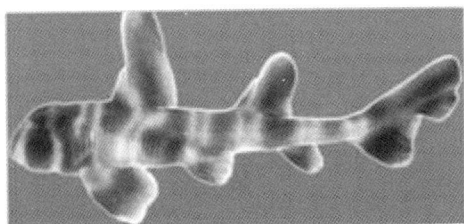

图3. 食人鲨 *Carcharodon carcharias*

图4. 白斑星鲨 *Mustelus anadzo*

图5. 阴影绒毛鲨 *Cephaloscyllium umbratile*

图6. 路氏双髻鲨 *Sphyrna lewini*

图7. 长吻角鲨 *Squalus mitsukurii*

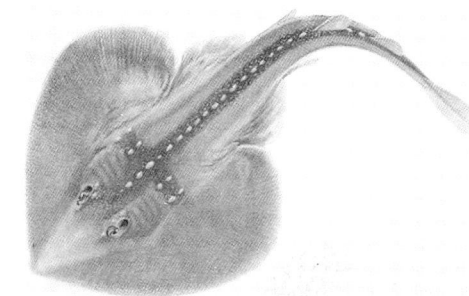

图8. 斑纹犁头鳐 *Rhinobatos hynnic-ephalus*

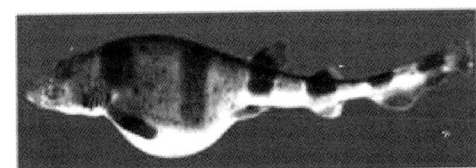

图9. 中国团扇鳐 *Platyrhina sinen-sis*

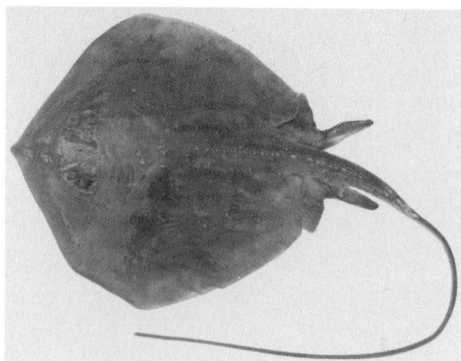
图10. 赤魟 *Dasyatis akajei*
（叶振江提供）

图16. 鲥鱼 *Macrura reevesii*

图17. 宝刀鱼 *Chirocentrus dorab*

图11. 黑线银鲛 *Chimaera phantasma*

图18. 香鱼 *Plecoglossus altivelis*

图12. 中华鲟 *Acipenser sinensis*

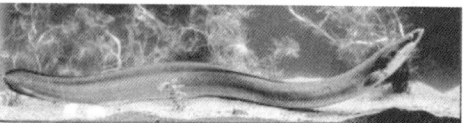
图19. 鳗鲡 *Anguilla japonica*

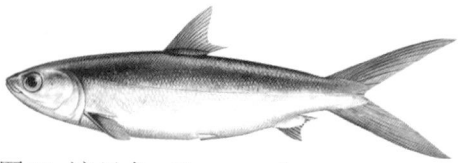
图13. 遮目鱼 *Chanos chanos*

图14. 太平洋鲱 *Clupea pallasi*

图20. 胭脂鱼 *Myxocyprinus asiaticus*

图15. 青鳞鱼 *Harengula zunasi*

图21. 鳡鱼 *Elopichthys bambusa*

图22. 红鳍鲌 *Culter erythropterus*

图23. 翘嘴红鲌 *Erythrocultey ili-shaeformis*

图24. 鳊鱼 *Parabramis pekinensis*

图25. 黄尾鲴 *Xenocypris davidi*

图26. 中华鳑鲏 *Rhodeus sinensis*

图27. 花鱼骨 *Hemibarbus maculates*

图28. 华鳈 *Sarcocheilichthys sin-ensis*

图29. 铜鱼 *Coreius heterodon*

图30. 中国结鱼 *Tor sinensis*

图31. 泥鳅 *Misgurnus anguillicau-datus*

图32. 四川华吸鳅 *Sinogastromyzon szechuanensis*

图33. 海鲇 *Arius thalassinus*

图34. 胡子鲇 *Clarias fuscus*

图35. 短鳍鮡 *pareuchiloglanis feae*

图36. 鲇 *Silurus asotus*

图37. 斑点叉尾鮰 *ictalurus punctatus*

图38. 青鳉 *Oryzias latipes*

图39. 银汉鱼 *Atherina mochon*

图40. 真燕鳐 *Prognichthys agooz*

图41. 大头鳕 *Gadus macrocephalus*

图42. 江鳕 *Lota lota*

图43. 中华多刺鱼 *Pungitius sinensis*

图44. 尖海龙 *Syngnathus acus*

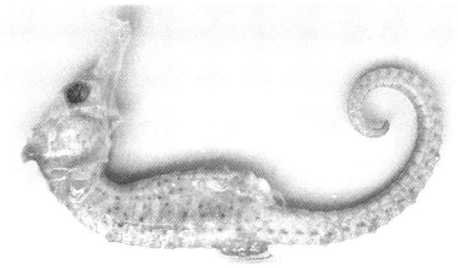

图45.日本海马 *Hippocampus japonicus*

图49.红鳍笛鲷 *Lutjanus erythopterus*

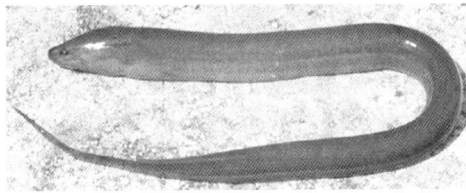

图46.黄鳝 *Monopterus albus*

图50.绵鳚 *Enchelyopus elongates*

图47.蓝点马鲛 *Scombermorus niphonius*

图51.黄盖鲽 *Pleuronectes yokohamae*

图48.鲯鳅 *Coryphaena hippurus*
（马牲摄）

图52.条斑星鲽 *Veraspe rmoseri*

图53. 圆斑星鲽 *Veraspe variegates*

图54. 绿鳍马面鲀 *Navodon septentrio-nalis*

图57. 海蛾 *Pegasue laternarius*

图55. 黄鳍马面鲀 *Navodon thopterus*

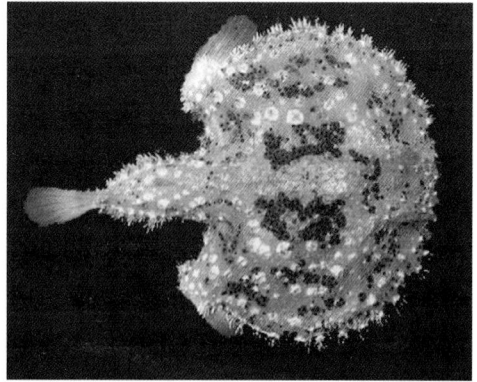

图58. 棘茄鱼 *Halieutaea stellata*

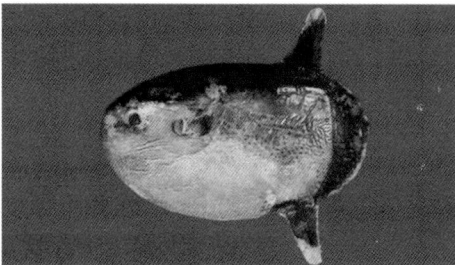

图56. 翻车鲀 *Mola mola*

前　言

　　鱼类学是以鱼类为研究对象,着重研究鱼类的形态结构、生活习性、生长发育、生理机制和地理分布等系统分类的学科。鱼类学实验作为我国高等教育水产科学的基础课程已有几十年的历史。虽然,历经不断的改革与实践,但是,鱼类学实验课程,在项目设置与教学方法上仍不能适应高等教育人才培养模式及信息时代的需要。因此,根据教育部关于高等教育要"培养具有创新精神和实践能力的高级专门人才"的精神,对鱼类学实验课程项目设置与教学方法进行了一些改革。

　　改革后的鱼类学实验课程在教学方式、实验项目方面都进行了很大的调整。首先,在课堂讲解中增加了多媒体课件。实验项目由传统的系统解剖、分类等验证性实验改革为集基础验证、综合分析、研究设计于一体的综合性实验体系。基础验证性实验以鱼类的形态构造与分类为主,使学生通过形态观察、内部解剖,掌握鱼类内外构造的基本特征和分类的基本方法,为系统分类打下基础。综合分析性实验是在解剖观察的基础上,利用所学的相关知识进行不同种类的形态或生态间的综合比较分析,培养学生扩散性思维和综合比较分析的能力。研究设计性实验是围绕鱼类的实验生态领域选择易于实验室操作的项目进行选题与设计,旨在培养学生独立思维、团结合作、学以致用、勇于创新的研究设计能力。上述三种实验类型均分必修与选修,学生根据课程学时完成必修实验,然后,可以根据兴趣与时间选修其他的实验。

　　通过几年的实践,新的课程改革,增大了信息量,开阔了学生的视野,增强了学生的学习兴趣,培养了学生分析问题和解决问题的综合能力,提高了学生独立思考、勇于创新的研究设计能力。

　　本书是根据新的课程设置编写的。书中关于鱼类解剖的部分内容,主要参考孟庆闻、李婉端、周碧云编著的《鱼类学实验指导》。分类实验的检索表主要参考成床泰、郑葆珊等编写的《中国鱼类系统检索》,孟庆闻、冯昭信等编写的《鱼类学》教材,朱先鼎、伍献文等编写的《鱼类志》等。书中的插图主要引自冯昭信主编的《鱼类学》,孟庆闻、李婉端、周碧云编著的《鱼类学实验指导》,苏锦祥主编的《鱼类学与海水鱼类养殖》,秉志著的《鲤鱼的解剖》等。为了便于学生在分类实验中正确识别、掌握各种鱼的形态结构,本书对形态分类学实验中所介绍的代表鱼种全部附上彩色或黑白照片。附图中的彩色照片大部分由马牲拍摄编辑制作,部分图片由叶振江和于瑞海提供,其余图片分别引自农业部水产司编写的《中国淡水鱼类原色图集》、中国科学院海洋研究所编写的《中国海洋鱼类原色图集》及其他媒体资料。在此,谨向提供原色图片的作者表示衷心的感谢。同时,作者在此对所有提供帮助的同仁表示最真挚的谢意!

限于作者水平,书中难免存在不当之处,敬请读者批评指正。

编者
2006 年 5 月

目　次

第三部分　研究设计性实验

鱼类学实验教学大纲

一、课程的性质和地位

鱼类学实验是鱼类学的配套课,独立开课,是海洋生物资源、环境海洋渔业科学与技术及水产养殖专业学生必修的专业基础课。其教学进度与鱼类学教学同步进行,以便于将理论与实践紧密结合起来,使学生能够进一步巩固鱼类学的基本理论知识,掌握鱼类学实验的基本技能。通过实验,掌握识别鱼类形态特征和分类鉴定的基本方法,使学生进一步了解海洋鱼类与其生态环境的关系。为学生进一步学习其他专业课程,以及将来从事鱼类研究、渔业生产和水产管理等工作打下良好的基础。

二、教学目标与要求

基础验证性实验:培养学生观察、识别各种鱼类的形态特征、分类鉴定的能力;掌握鱼类解剖的基本方法和技能;了解鱼类各器官系统的基本形态构造;熟练掌握鱼类形态观察与测量的基本方法;熟悉常见经济鱼类的分类地位及基本生物学特征;熟悉检索表的编制和使用,掌握鱼类种类鉴定的基本方法;掌握实验操作的基本技能;奠定研究鱼类的思维模式与基本方法。

综合分析性实验:通过鱼类形态观察、比较、解剖与分析,了解不同类群鱼类形态发生中的差异,进一步认识鱼类系统发生的相关性与不同,旨在提高学生综合分析问题的能力。

研究设计性实验:要求学生围绕环境因子对鱼类的仔、幼鱼生物学特性的影响自己查找资料、自行设计实验。通过自行设计、动手操作的实验,培养学生独立思考问题和解决问题的能力,启发创造性思维,提高创新能力。

三、实验内容

本书包括形态学、形态分类学和研究设计性实验等内容,其中开设基础验证性实验 12 个、综合分析性实验 7 个、研究设计性实验 4 个,基本内容及学时分配如下：

形态学实验

【外部形态实验】

实验一　鱼类的外部形态观察与比较：通过对不同体型、不同形态鱼的观察，了解鱼类体型的多样性及其与生活环境、生活习性的相互关系。掌握鱼类各种外部器官的进化及其与生活习性的关系。（综合分析性实验，3学时）

实验二　鱼体各部位的分区与测量：通过对鱼类体表各部位器官的观察与测量，了解鱼类外部器官的基本特征与功能；掌握鱼体各部位分区的定义及鱼类生物学测量的基本方法。（基础验证性实验，3学时）

实验三　鱼鳍及鳍式的认识与比较：通过对鱼鳍的观察与测量，认识各种鳍的形态结构特征与位置；掌握鳍棘、鳍条的识别及鳍式的记述方式。认识比较鱼类各鳍的形态结构在分类中的地位与作用。（综合分析性实验，3学时）

实验四　鱼类的皮肤及其衍生物：通过对不同鱼的鳞片及色素细胞的观察，了解鱼类的皮肤及其衍生物，认识鱼类的色素细胞；了解鱼类的皮肤、色素细胞、衍生物与其生活环境的关系。（基础验证性实验，3学时）

实验五　鱼类的鳞片结构与组排方式：通过对鱼类鳞片的观察，认识盾鳞、硬鳞、骨鳞等鳞片的表面结构特征及分区；了解鱼类鳞片的排列方式，掌握鳞片及其组排方式在分类中的作用；认识鱼类的侧线鳞及鳞片的变异。（综合分析性实验，3学时）

实验六　鱼类的外部形态结构与其生活习性的关系：通过观看多媒体影像及视频教学资料，进一步了解鱼类的外部形态特征与生态习性的关系，了解鱼类的体型、体色与生长环境的关系。（综合分析性实验，3学时）

【内部结构解剖实验】

实验七　解剖观察鱼类的肌肉系统：通过对鲤鱼肌肉系统的解剖与观察，了解硬骨鱼类肌肉的构造、基本特征及其与生活习性的关系。（基础验证性实验，3学时）

实验八　鱼类骨骼系统的解剖与观察：通过对鱼类骨骼系统的解剖与观察，了解硬骨鱼类骨骼的结构与功能，熟悉、掌握鱼类各部位骨骼的一般结构和演化关系，认识鱼类骨骼的一般结构与生活方式的关系。（基础验证性实验，3学时）

实验九　鱼类消化系统的观察比较：通过对鱼类消化系统的解剖与观察，了解硬骨鱼类消化系统的器官及其构造特征，比较分析不同食性鱼类胃、肠结构的异同。（综合分析性实验，3学时）

实验十　鱼类呼吸、尿殖系统的观察比较：通过对鱼类呼吸、尿殖系统的解剖与观察，了解鱼类呼吸系统、尿殖系统的基本构造特征；认识鱼类的鳔及其与

生活习性的关系。(综合分析性实验,3学时)

实验十一　鱼类循环系统的解剖与观察:通过对鲤鱼循环系统的解剖和观察,了解鱼类循环系统的基本构造,掌握解剖技能和观察方法。(基础验证性实验,3学时)

实验十二　鱼类神经系统的观察比较:通过对鱼类颅脑的解剖与观察,了解硬骨鱼类神经系统的基本构造及主要特征;比较不同水层、不同生活方式硬骨鱼类脑的差异,分析鱼类生态类型与脑形态的相互关系。(综合分析性实验,3学时)

实验十三　鱼类的感觉器官与内分泌器官的观察:通过对鲤鱼感觉器官的解剖与观察,认识硬骨鱼类听觉器官、嗅觉器官、视觉器官的基本构造,了解鱼类感觉器官的基本类型和机能,了解鱼类主要内分泌腺的位置、基本构造及机能。(基础验证性实验,3学时)

形态分类学实验

实验一　鱼类形态分类的基本方法:通过对鱼类标本的可量形状、可数形状的观察、测定与记述,掌握根据鱼类的形态结构特征进行分类的方法。熟练掌握分类检索表的使用,掌握分类检索表的编排。(基础验证性实验,3学时)

实验二　鱼类的分类检索(一)——圆口纲、软骨鱼纲、硬骨鱼纲鲟形目、海鲢目、鼠鳝目的分类:通过观察多种鱼的实物标本与多媒体电子图片,认识圆口纲、软骨鱼纲及硬骨鱼纲鲟形目、海鲢目、鼠鳝目等的主要形态特征及分类依据,掌握常见鱼的形态特征,熟悉分类检索表的使用方法。(基础验证性实验,3学时)

实验三　鱼类的分类检索(二)——鳗鲡目、鲤形目和鲇形目的分类:通过观察多种鱼的实物标本与多媒体电子图片,掌握鳗鲡目和鲤形目分类的形态特征及分类依据,熟练掌握分类检索表的使用方法。(基础验证性实验,3学时)

实验四　鱼类的分类检索(三)——鳉形目、银汉鱼目、颌针鱼目、鳕形目、金眼鲷目、海鲂目、刺鱼目、鲻形目、合鳃目的分类:通过多媒体课件的讲解与多媒体电子图片,了解鱼类的分类结构与形态特征。通过观察多种鱼的标本,掌握鳉形目、银汉鱼目、颌针鱼目、鳕形目、金眼鲷目、海鲂目、刺鱼目、鲻形目、合鳃目的主要形态特征,掌握各目的分类特征和分类检索表的使用与编写。(基础验证性实验,3学时)

实验五　鱼类的分类检索(四)——鲈形目的分类:通过多媒体课件的讲解与多媒体电子图片,了解鲈形目的分类结构与形态特征。通过观察多种鱼的标本,掌握鲈形目各亚目的主要形态特征,熟记常见经济种类的学名与俗名,熟练掌握分类检索表的使用方法。(基础验证性实验,3学时)

实验六 鱼类的分类检索(五)——鲽形目、鲀形目、鲀形目、海蛾鱼目、鮟鱇目的分类:通过多媒体课件的讲解与多媒体电子图片,了解鲽形目、鲀形目、鲀形目、海蛾鱼目、鮟鱇目的分类结构与形态特征。通过观察多种鱼的标本,掌握各目及其各亚目的主要形态特征,熟记常见经济种类的学名与俗名,熟练掌握分类检索表的使用方法。(基础验证性实验,3学时)

研究设计性实验

实验一 鱼类对水环境的抗逆性实验:通过对水环境的理化因子的改变,观察、分析、探讨鱼类在不同水温、pH、盐度水域环境中,致死或半致死临界点,找出鱼类生长的最适生活环境,为提高不同鱼类对环境改变的适应性与抗逆性提供理论依据。(12学时)

实验二 鱼类对污染的耐受性实验:通过对水环境的药源性污染,观察、分析、探讨鱼类在不同污染水域环境中,致死或半致死临界点,找出鱼类对环境污染的最大耐受能力,为改善水环境、提高不同鱼类对环境污染的抗逆性与抗病力提供理论依据。(12学时)

实验三 环境因素影响仔、幼鱼摄食的研究:摄食是鱼类生态学研究中的重要内容。鱼类的摄食状况是其生命、生长与发育的重要因素。通过对水环境的理化因子的改变,观察、分析、探讨仔、幼鱼在不同水温、pH、盐度水域环境中的摄食情况,掌握不同鱼类仔、幼鱼的摄食特点及其与环境因素的关系,为今后从事生态学研究奠定基础。(20学时)

实验四 环境因素影响仔、幼鱼生长的研究:水温、pH、盐度是鱼类赖以生存的必要条件,环境状况的好坏是其生存、生长与发育的重要因素。通过对水环境理化因子的改变,观察、分析、探讨仔、幼鱼在不同水温、pH、盐度水域环境中的生长情况,探索不同鱼类仔、幼鱼对不同环境的选择性与适应性,掌握鱼类生态学研究的基本方法。(20学时)

学生实验守则

(1)必须按规定时间参加实验,不迟到、不早退。

(2)实验前要认真预习实验教材,明确实验内容、目的和注意事项。

(3)实验时自觉遵守课堂纪律,保持室内安静,严格遵守实验室的各项规章制度和操作规程。独立或分组合作完成实验操作。

(4)严格按照教师的指导进行实验,不动用与本实验无关的仪器设备和物品,不准擅自将实验室的任何物品带出室外。

(5)实验态度认真,自己动手操作,如实记录实验数据,按照规范认真书写并按时完成实验报告,在规定的时间内及时将实验报告交给指导教师。

(6)实验中注意保持桌面和解剖盘内的整洁,不随意将废弃物扔到水池中或地上,要随时注意保持实验室的环境卫生。

(7)爱护室内一切仪器设备,严格按照仪器使用指南操作,实验仪器设备用完后,及时归还原位。使用中若发现仪器有异常或损坏要及时报告指导教师。

(8)精密贵重仪器每次使用要登记姓名并作使用记录。随时保持仪器设备的完好与清洁。使用中若发现仪器有异常要马上停止使用并及时报告指导教师。

(9)实验器材、器皿用完后要及时清洗干净,放在指定的地方晾干。因操作不规范损坏实验器材、器皿或标本要如实报告,并按规定赔偿。

(10)不随意移动示教仪器或标本,以免影响他人观察、使用。

(11)严格按照操作规范操作使用药品,厉行节约,注意强碱、强酸及有毒药品的使用安全。公用仪器、药品使用后立即归还原处。

(12)实验完毕要及时将使用的仪器物品整理归位,解剖工具清洗干净,清理实验室台面、地面、水槽的卫生,保持实验室的整洁。

(13)实验结束要及时把废物、废液倾倒到指定的容器中,避免造成环境污染。

(14)实验室、操作台的电源、水源关掉后,方可离开实验室。

实验报告书写规范与实验成绩考核标准

(1)实验报告必须使用学校统一印制的实验报告专用纸。

(2)认真填写专业、年级、姓名、学号、实验题目、实验日期。

(3)简单介绍实验目的、实验材料、实验方法。

(4)用文字或图表详细记录或说明实验内容与结果。

(5)如需绘图,需用 HB 或 H、2H 的铅笔。要求严格按照生物绘图的方法操作。要认真精确、点线清晰、卷面整洁。标注一般集中在图的右侧,自上而下成一竖行,首尾对齐。标注字体要正规,引线要相互平行。图示内容应在图的正下方详细注明。

(6)根据实验结果和书本知识分析完成实验思考题。

(7)考核按照实验报告成绩占 50%、实验态度与动手能力占 30%、期末综合评价成绩占 20%,综合平均后以百分制入档。

第一部分
形态学实验

【外部形态实验】

实验一　鱼类外部形态的观察与比较

一、实验目的

通过对不同体型鱼类的观察,了解鱼类体型的多样性及其与生活环境、生活习性的相互关系。了解并掌握鱼类外部器官的进化及其与生活习性的关系。

二、实验材料和药品器材

1.实验材料

双髻鲨、孔鳐、魟、海鳗、马面鲀、箱鲀、刺鲀、蓝点马鲛、鲤鱼、花鲈、银鲳、带鱼、木叶鲽、鳡鱼、黄鮟鱇、大头鳕、长蛇鲻、烟管鱼、海龙、海马等。

2.药品与器材

解剖盘、镊子、量鱼板、直尺。

三、实验内容与方法

通过多媒体课件和鱼类的实物标本认识鱼类的各种体型,观察鱼类头部各器官的特征并掌握各器官的名称及其与分类的关系。

1.体型观察

鱼类的体型一般分为四个基本类型和特殊体型,参照表 1-1-1 和图 1-1-1 观察。

表 1-1-1　鱼类体型

编号	体型分类	代表鱼名称
1	纺锤型	金枪鱼、马鲛、鲈鱼、鲐鱼、鲨鱼(部分)
2	圆柱型	海鳗、鳝鱼、七鳃鳗、鳗鲡、鳡鱼
3	侧扁型	鲳鱼、马面鲀、带鱼、翻车鱼
4	平扁型	鳐、魟、鲼、鮟鱇
5	特殊体型	箱鲀——箱型、刺鲀——球型、鲽鲆——不对称型、海马——海马型

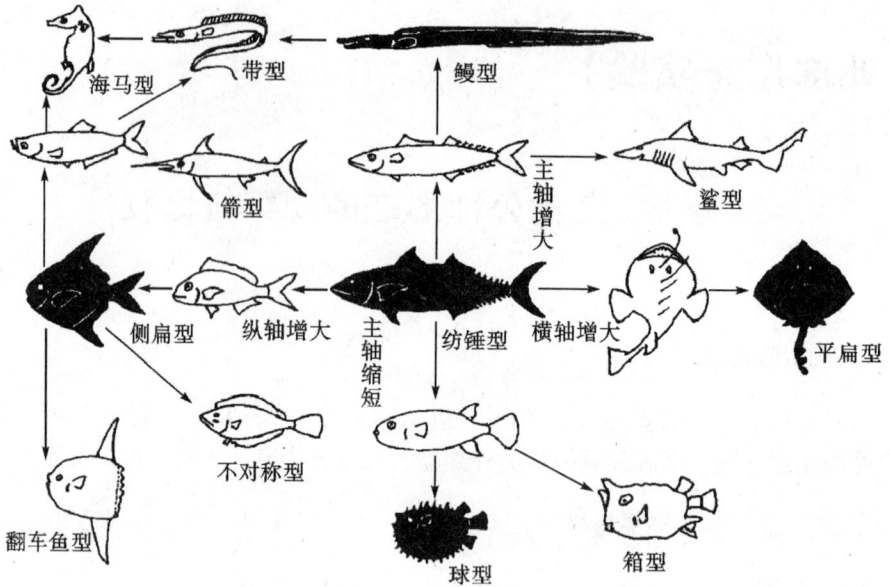

图 1-1-1 鱼类体型的变迁

2.头部器官的观察

鱼类头部具有吻、口、口须、眼、鼻孔、鳃裂和喷水孔等器官,其特征及其与分类的关系参照表 1-1-2～表 1-1-8 和图 1-1-2～图 1-1-4 进行观察。

(1)观察鱼类吻的特征:见表 1-1-2。

(2)观察鱼类的口型特征:见表 1-1-3 和图 1-1-2、图 1-1-3。

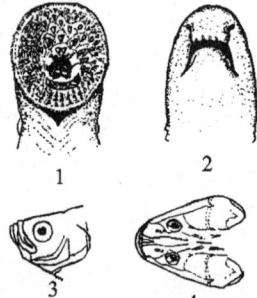

1.七鳃鳗;2.猫鲨;3.鲻鱼;4.鲔

图 1-1-2 鱼的口型

表 1-1-2 鱼类吻的特征

鱼的种类	吻部特征		代表鱼
软骨鱼类	较发达,特化成各种形状	锯齿型	锯鲨
		犁头型	犁头鲨、日本扁鲨
		圆、尖型	各种鳐
硬骨鱼类	多数较简单,少数较特殊	普通型	鲤鱼、鲈鱼、颌针鱼、烟管鱼

表 1-1-3 鱼类的口型特征

鱼的种类	分类依据	口型特征	代表鱼
软骨鱼类	口位于腹面,根据形状分	新月型	鲨鱼
		裂缝型	鳐类
硬骨鱼类	根据口位于头部前端的位置分	口上位	鳓鱼、鮻鰊
		口前位(端位)	鲤鱼、鲐鱼、蓝圆鲹
		口下位(腹位)	绿鳍鱼
特殊口型种类	口特化成细管状	管状	海马、海龙、烟管鱼
	口特化成漏斗吸盘状	漏斗吸盘状	七鳃鳗

(3)观察鱼类口须的特征:见表 1-1-4。

表 1-1-4 鱼类口须特征

名称	位置特征	代表鱼
颏须	位于鱼嘴下颏部(1～4 根)	泥鳅
颌须	位于鱼嘴上颌嘴角处(1～3 对)	鲶鱼
鼻须	位于鱼的鼻孔处(1 对)	黄颡
吻须	位于鱼嘴上颌嘴前端(1～2 对)	泥鳅、鲶鱼

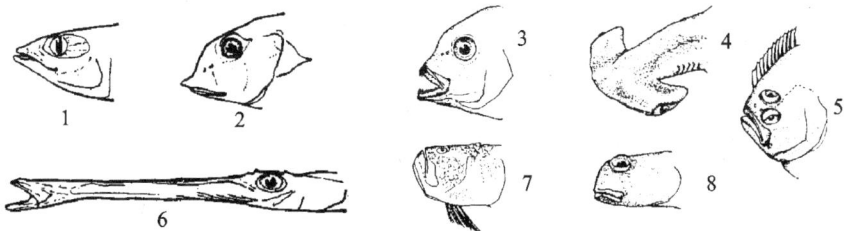

1.鲐鱼;2.红娘鱼;3.鲈鱼;4.双髻鲨滩;5.牙鲆;6.烟管鱼;7.网纹腾;8.弹涂鱼

图 1-1-3 鱼的口型和眼睛

(4)观察鱼类眼的位置与特征:见表 1-1-5 和图 1-1-3。

表 1-1-5　鱼类眼的位置与特征

位置与特征	分布范围	代表鱼
头部两侧对称	大多数鱼	金枪鱼、鲈鱼、鲐鱼、鲨鱼
头部背面对称	部分鱼	鳐、魟、鲼、鲛鱇
头部单侧不对称	少数鱼	鲆、鲽
具脂眼睑	部分硬骨鱼	鲻鱼、鰶鱼、蓝圆鲹
具瞬褶	部分软骨鱼	鳐类、阴影绒毛鲨
具瞬膜	部分软骨鱼	双髻鲨

(5)观察鱼类鼻孔的位置与特征:见表 1-1-6。

表 1-1-6　鱼类鼻孔的位置与特征

鱼的种类	位置与特征	数量	代表鱼
圆口纲	位于头背部中央	1个	七鳃鳗
软骨鱼	位于头腹部具沟	1对	皱唇鲨、团扇鳐
硬骨鱼	位于头背部由皮膜隔为前、后鼻孔 一般不与口咽相通,个别为单孔	2对 1对	鲤鱼、鲈鱼 六线鱼

　　(6)观察鱼类喷水孔的位置与特征:大部分软骨鱼和极少数硬骨鱼在眼的后方有一孔,称为喷水孔。喷水孔为退化的鳃孔,常与呼吸有关,如鳐类伏底栖息时,为避免口吸水带入泥沙,故利用喷水孔进水进行呼吸。喷水孔常见于低等鱼类,随鱼类的进化,喷水孔退化以至消失。见表 1-1-7。

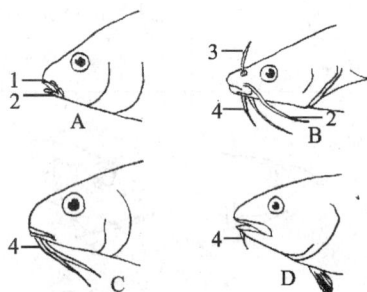

1.吻须;2.颌须;3.鼻须;4.颏须
图 1-1-4　鱼的须

表 1-1-7　鱼类喷水孔的位置与特征

鱼的种类	位置与特征	数量	代表鱼
鲨鱼类	位于眼后部,较小或退化	1对	皱唇鲨
鳐类	位于眼后部,较大	1对	团扇鳐

(7)观察鱼类鳃裂、鳃孔的位置与特征:见表1-1-8。

表 1-1-8　鱼类鼻孔的位置与特征

鱼的种类	位置与特征	数量	代表鱼
板鳃类	位于头胸部两侧	5～7 对鳃裂	皱唇鲨
板鳃类	位于头腹部	5～7 对鳃裂	团扇鳐
全头类	位于头部两侧具无骨骼支持的假鳃盖	1 对鳃孔	银鲛
硬骨鱼类	位于头部两侧具骨骼支撑的鳃盖	1 对鳃孔	鲤鱼、鲈鱼

四、实验报告和思考题

(1)绘图说明鱼类体型的变迁。

(2)试比较鱼类的口型与其生活习性的关系。

(3)试述软骨鱼类和硬骨鱼类鳃裂、鳃孔的功能差异及其与进化的关系。

实验二　鱼体各部位的分区与测量

一、实验目的

通过本实验,初步了解与掌握鱼体各部位分区的定义及其测量的一般方法;熟悉鱼类分类学所习见的某些外部形态术语的含义,以便为鱼类分类鉴定奠定基础。

二、实验材料和药品器材

1.实验材料

鲤鱼、鲈鱼、孔鳐、魟等。

2.药品与器材

解剖盘、镊子、分规、量鱼板或直尺。

三、实验内容与方法

通过对鱼类标本的观察与测量,掌握鱼体各部位分区的定义及其测量的基本方法。

1.鱼体分区的名称与定义

(1)全长:自吻端至尾鳍末端的直线长度。

(2)叉长:由吻端至尾叉最凹处的直线长。

(3)体长:自吻端至尾鳍基部最后一枚椎骨的末端或到尾鳍基部的垂直距离。

(4)体高:鱼体最高处的垂直距离。

(5)体宽:鱼体左、右侧的最大距离。

(6)头长:自吻端至鳃盖骨后缘(鲨、鳐类至最后一个鳃孔后缘)的垂直距离。

(7)吻长:自吻端或上颌前缘至眼前缘的垂直距离。

(8)口长:上颌正中至口角处的垂直距离。

(9)口裂长:由上颌前端至口角的距离。

(10)眼径:眼水平方向前、后缘的最大距离。

(11)眼间距:头背部两眼间最短距离。

（12）躯干长：自鳃盖骨后缘（或最后一个鳃孔）至肛门（或泄殖腔）后缘的垂直距离。

（13）尾部长：自肛门（或泄殖腔）后缘至最后一椎骨的垂直距离。

（14）尾柄长：自臀鳍基底后缘至尾鳍基部（最后一枚椎骨）的垂直距离。

（15）尾柄高：尾柄部最低处的垂直高度。

（16）尾鳍长：尾鳍基部至尾鳍末端的垂直距离。

鲨、鳐类除上述测量项目外还有如下特殊测量项目：

（1）口前吻长：自头腹面吻端至上颌前缘距离。

（2）唇褶长：口角裂状沟，上颌口角处为上唇褶，下颌口角处为下唇褶。

（3）背鳍：①背鳍长，背鳍前缘长度或称背鳍前缘长。②背鳍高，背鳍上角至背鳍基底的垂直高度。③背鳍下缘，背鳍下角末端至背鳍基底终点间的距离。

（4）胸鳍：①胸鳍基底长，即胸鳍基底起点至终点的距离。②胸鳍前缘，即胸鳍基底起点至胸鳍外角的前缘长。③胸鳍后缘，即胸鳍外角沿后缘至里缘的界缘长。④胸鳍里缘，即胸鳍里角后端至胸鳍基底距离。

（5）腹鳍（鳐类）：①前瓣和里瓣。有些鳐类腹鳍呈足趾状，其外侧部分为腹鳍前瓣，里侧部分为腹鳍里瓣。②前缘、后缘和里缘。腹鳍前瓣的外缘部分为腹鳍前缘；里瓣外缘部分为腹鳍后缘；里瓣的里缘部分为腹鳍的里缘。

（6）体盘长（鳐类）：自吻端至胸鳍基底终点的垂直距离。

（7）体盘宽（鳐类）：两胸鳍外缘的最大水平距离（即体盘左右最宽处的距离）。

（8）鼻孔间距：两鼻孔间最短距离。

（9）喷水孔间距：两喷水孔间最短距离。

2. 观察

参照图 1-2-1、图 1-2-2 观察鱼体外部各部位分区的基本形态特征与定义。

3. 测量

测量鲤鱼的全长、叉长、体长、体高、体宽、头长、吻长、躯干长、尾部长、尾柄长、尾柄高。

4. 观察鳐的外部形态

熟悉鳐各部位的结构特征及其特殊外部形态结构的定义。

四、实验报告和思考题

（1）绘制鲤鱼外形图，并标注各部位分区的名称及要求的测量数据。

（2）试比较软骨鱼类与硬骨鱼类外部形态特征的异同。

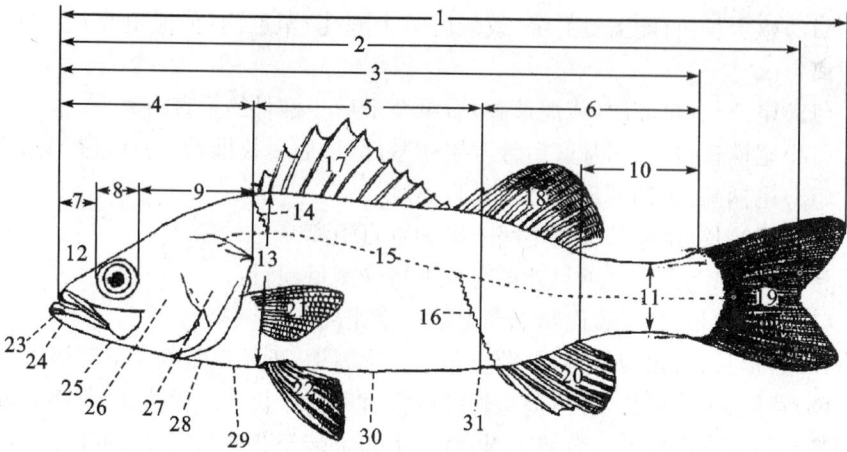

1. 全长；2. 叉长；3. 体长；4. 头长；5. 躯干长；6. 尾长；7. 吻长；8. 眼径；9. 眼后头长；10. 尾柄长；11. 尾柄高；12. 鼻孔；13. 体高；14. 侧线上鳞；15. 侧线；16. 侧线下鳞；17. 第一背鳍；18. 第二背鳍；19. 尾鳍；20. 臀鳍；21. 胸鳍；22. 腹鳍；23. 口；24. 颏部；25. 颊部；26. 鳃部；27. 鳃盖；28. 喉部；29. 胸部；30. 腹部；31. 肛门

图 1-2-1　鲈鱼外部各器官及各部位测量区间示意图

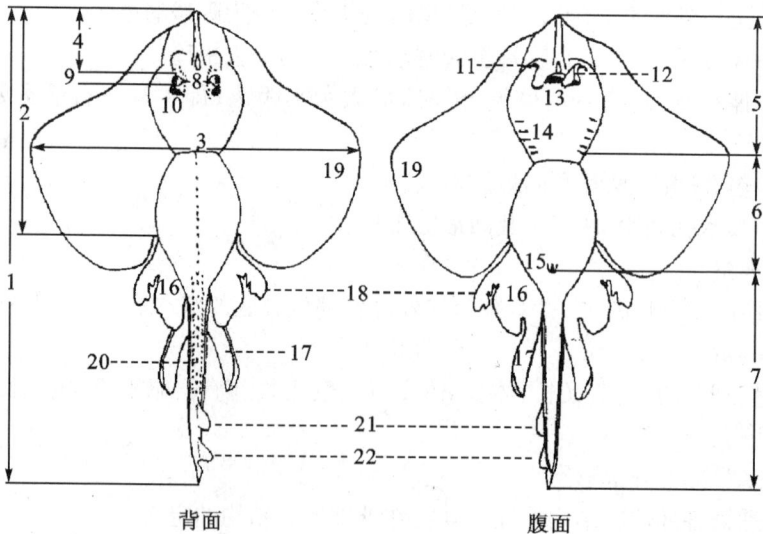

背面　　　　　　　　　　　　腹面

1. 全长；2. 体盘长；3. 体盘宽；4. 吻长；5. 头长；6. 腹部长；7. 尾长；8. 眼间距；9. 眼径；10. 喷水孔；11. 鼻孔；12. 口鼻沟；13. 口；14. 鳃裂；15. 泄殖腔；16. 腹鳍；17. 鳍脚；18. 腹鳍前角；19. 胸鳍；20. 尾部结刺；21. 第一背鳍；22. 第二背鳍

图 1-2-2　鳐的外部器官及各部位测量区间示意图

实验三　鱼鳍及鳍式的认识与比较

一、实验目的

通过对鱼类体表各种鳍的观察与比较,了解鱼鳍的形态结构特征及其功能,掌握各种鱼的鳍式组排方式,为鱼类分类鉴定奠定基础。

二、实验材料和药品器材

1.实验材料

蓝点马鲛、鲤鱼、花鲈、海鳗、银鲳、马面鲀、带鱼、木叶鲽、孔鳐、光魟、鲨、鳀鱼、鳕鱼、箱鲀、刺鲀、鲫鱼、绿鳍红娘鱼、鱵鳅、虾虎鱼、绵鳚等。

2.药品与器材

解剖盘、镊子、量鱼板、直尺。

三、实验内容与方法

1.鱼鳍

(1)参照表 1-3-1 与图 1-3-1、图 1-3-2、图 1-3-3 观察比较鱼鳍的形态特征与功能。

表 1-3-1　鱼鳍的形态特征与功能

名称	位置	数量	功能	形态特征
背鳍	不成对,位于身体背部	1～多个	维持身体直立方向平衡	形态不定,个别种类还有小鳍、脂鳍(如蛇鲻)
臀鳍	不成对,位于腹部肛门之后	1～多个	维持身体直立方向平衡	与背鳍相似,鳗、鲆、鲽的背、臀、尾鳍相连
尾鳍	位于尾部末端	1个	维持身体平衡前进转向	形状各异
胸鳍	成对,位于头部之后鳃裂附近的胸部	1对	维持身体平衡前进配合尾鳍转向	硬骨鱼较小,鲨鱼较大,鳐扩大组成体盘,飞鱼发达如鸟翅
腹鳍	成对,位于腹部两侧	1对	维持身体平衡转向前进	胸位:位于胸鳍下方(如鲈)腹位:位于腹部(如鲥)喉位:位于喉部(如绵鳚)

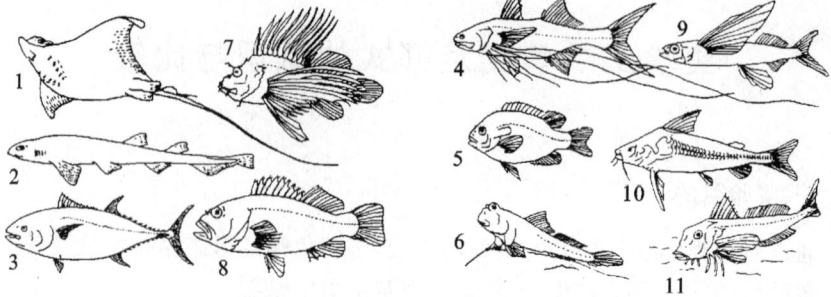

1. 鲼；2. 猫鲨；3. 金枪鱼；4. 马鲅；5. 太阳鱼；6. 弹涂鱼；7. 蓑鲉；

8. 副翁；9. 飞鱼；10. 南美鲶；11. 鲂鮄

图 1-3-1　鱼的胸鳍变化

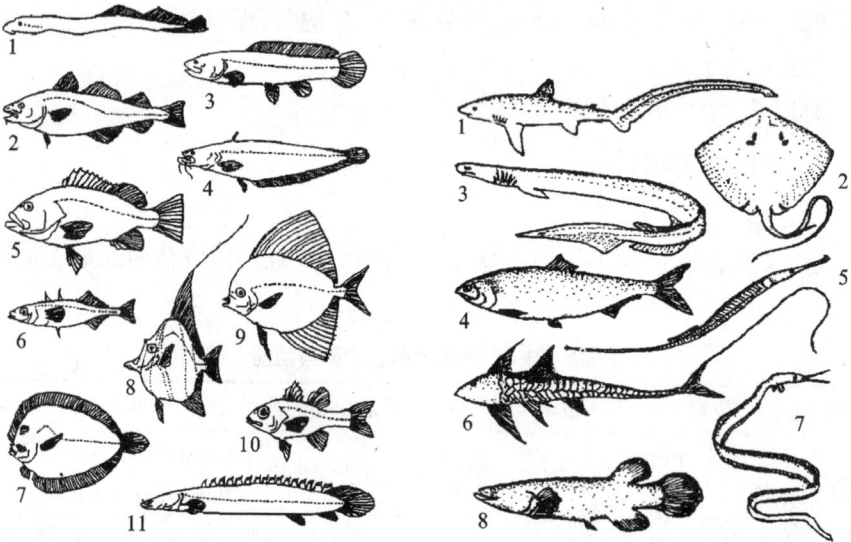

1. 七鳃鳗；2. 鳕；3. 弓鳍鱼；4. 六须鲶；5. 石斑鱼；

6. 三棘刺鱼；7. 大鳞短额鲆；8. 镰鱼；

9. 旗月鱼；10. 珊瑚天竺鲷；11. 多鳍鱼

图 1-3-2　鱼的背鳍与臀鳍

1. 长尾鲨；2. 魟；3. 皱鳃鲨；4. 西鲱；

5. 腹囊海龙；6. 甲鲶；7. 线口鳗；8. 黑鱼

图 1-3-3　鱼的尾鳍变化

（2）鱼鳍拉丁文缩写的表达方式：①D-背鳍；②A-臀鳍；③C-尾鳍；④P-胸鳍；⑤V-腹鳍。

2. 观察认识鳍棘、鳍条，掌握鳍式的表达方式

（1）鳍棘：坚硬、不分枝，以大写罗马数字表示棘条数。

(2)鳍条:柔软,以阿拉伯数字表示鳍条数。

角质鳍条:为软骨鱼类特有,不分枝、不分节。

鳞质鳍条:为硬骨鱼类特有,由鳞片衍生而成,分节、分枝或分节、不分枝。

(3)鳍式:记载鳍的性质和数量的一种方式,一般以罗马数字代表鳍棘,以阿拉伯数字代表鳍条,如鲈鱼背鳍:D. Ⅻ,Ⅰ-11-14,是表示鲈的第一背鳍由 12 枚鳍棘组成,第二背鳍由 1 枚棘、11～14 枚鳍条组成。

(4)鱼类鳍式的记述方式:

例 1:鲐鱼鳍式:D. Ⅸ,Ⅰ-11,小鳍 5;A. Ⅰ,Ⅰ-11,小鳍 5;P. 19;V. Ⅰ-5;C. 17。

例 2:鲈鱼鳍式:D. Ⅻ,Ⅰ-13;A. Ⅲ-7～8;P. 16～18;V. Ⅰ-5;C. 17。

3.鳐类鱼鳍的认识

观察认识鳐类各种鳍的特殊结构特征,了解各鳍的结构特征与功能的关系。

四、实验报告和思考题

(1)绘制鲤鱼外形图,并标注各鳍的名称。

(2)按标准书写、计算鲤鱼的鳍式。

(3)试述鱼类的各种鳍对其行为的作用和分类中的地位。

实验四　鱼类的皮肤及其衍生物

一、实验目的

通过对鱼类的皮肤及其衍生物、色素细胞和各种鳞片的观察,了解鱼类鳞片的由来及其作用,了解鱼类皮肤及不同形态、不同类型的鳞片在鱼类生态习性中的作用与功能,认识鱼类的色素细胞与体色及其生活环境的关系。

二、实验材料和药品器材

1.实验材料

盾鳞、骨鳞、色素细胞制片,鲨、鳐、鲤鱼、鲥鱼、蓝圆鲹、刺鲀、海龙、海马、鲟鱼、长舌鲻、大菱鲆、**鮟鱇**、石鲽、带鱼、蓝点马鲛等标本。

2.药品与器材

甘油溶液、透明胶、解剖镜、显微镜、载玻片、盖玻片、吸管、烧杯、解剖盘、镊子等。

三、实验内容与方法

1.观察鱼类的鳞片

鳞片为鱼类皮肤的衍生物,属外骨骼,保护鱼体免受侵犯与碰撞。见图 1-4-1。

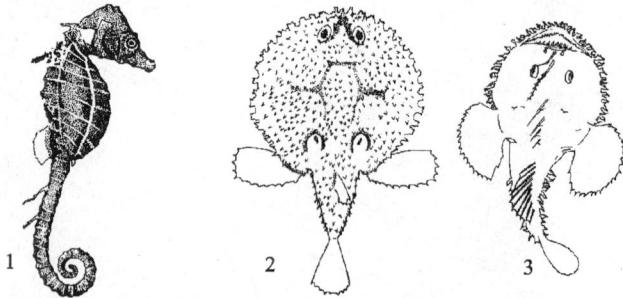

1.全身被满了骨板骨环的海马;2.全身被满了硬棘的棘茄鱼;
3.吻端遍布绒毛状突起的**鮟鱇**

图 1-4-1　鱼类皮肤衍生物

(1)盾鳞:盾鳞为软骨鱼类所特有,由表皮与真皮联合形成。用吸管吸取几颗已分散的盾鳞,置于载玻片上,用低倍显微镜观察。外形分两部分:露在皮肤外面,且尖端朝上的部分为棘突;埋在皮肤内面部分为基板。棘突外层覆以类珐琅质,内层为齿质,中央为髓腔。基板底部有一孔,神经和血管由此通入。

(2)骨鳞:骨鳞为真骨鱼类所特有,由真皮形成。每一鳞片分为上、下两层:上层为骨质层,比较脆薄,为骨质组成,使鳞片坚固;下层柔软,为纤维层,由成层的纤维束排列而成。骨鳞表面可分四区:前区,亦称基区,埋在真皮深层内;后区,亦称顶区,即未被周围鳞片覆盖的扇形区域;上、下侧区分别处于前、后区的背腹部。骨鳞表面结构有骨质凹沟的鳞沟(辐射沟)、骨质层隆线的鳞嵴(环片)及鳞中心位置的鳞焦。依后区鳞嵴的不同结构可将骨鳞分成圆鳞和栉鳞。

2.观察鳞片的变异(图1-4-2)

(1)棱鳞:腹部、侧线、背鳍基部呈锯齿或骨板状坚硬带刺的鳞,如鲥鱼、蓝圆鲹、绿鳍鱼等。

(2)骨板:全身或局部被有坚硬或薄而透明的骨片,如箱鲀、松球鱼、鲟、玻甲鱼等。

(3)骨环:胸部或尾部被特化的骨质环包裹,如海龙、海马。

(4)骨刺:局部或全身被有坚硬的骨质硬刺,如刺鲀等。

(5)尾鳞:尾柄末端中央有尖刀状的大型鳞片,如小沙丁鱼。

(6)短须:鳃盖边缘的鳞片变为短须以司感觉,如须鳎等。

(7)皮状突起:鳞片均退化为皮状突起,如鲇鱼亚目的鱼。

(8)绒毛状突起:有的鳞特化成绒毛状,如杜父鱼、毒鲉等。

(9)腋鳞:胸鳍或腹鳍基部前缘外角上,有一个膨大、特化成尖刀状的鳞片,如蛇鲻、大马哈鱼等。

3.观察色素细胞

取活金鱼的鳞片放在载玻片上,置于解剖镜下观察。色素细胞分布在真皮的疏松层、致密层下方和皮下层处,鱼类有四种基本色素细胞。

(1)黑色素细胞:呈星芒状,细胞内含有黑棕灰色素颗粒,属不溶性色素族。细胞收缩时呈黑点,鱼体色变淡。

(2)黄色素细胞:形状不规则,内有黄色素颗粒,属脂色素族,可溶于酒精、福尔马林中,故浸制标本黄色消失。

(3)红色素细胞:结构类似黄色素细胞,内有红色脂肪色素族颗粒。

(4)反光体:细胞呈多边形或卵圆形,内含鸟粪素颗粒,在高倍显微镜下观察,具蓝绿色荧光。可折射出闪光的银白色,亦称光彩细胞。

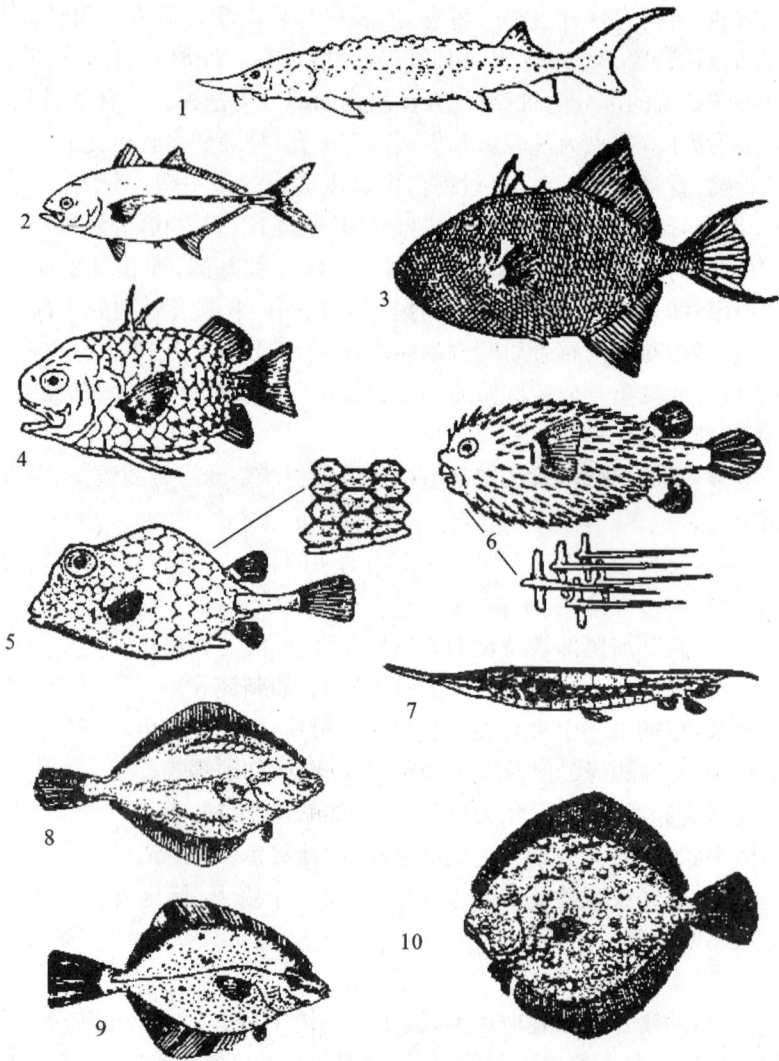

1. 鲟;2. 鲹;3. 鳞鲀;4. 松球鱼;5. 箱鲀;6. 刺鲀;7. 玻甲鱼;8. 石鲽;9. 星斑川鲽;10. 黑海菱鲆

图 1-4-2 鳞片变异的鱼

四、实验报告和思考题

(1)绘金鱼的色素细胞。

(2)简述鱼类体色变化的机理及其色素细胞的功能。

(3)简述鱼类皮肤的变异有何功能。

实验五　鱼类的鳞片结构与组排方式

一、实验目的

通过对不同类型的鳞片的观察，认识盾鳞和骨鳞的基本结构，认识骨鳞中侧线鳞和棱鳞的形态和构造。了解鱼类鳞片的由来及其作用，为以后学习鱼类分类学和鱼类生物学奠定基础。

二、实验材料和工具

1. 材料

鲨鱼、鲈鱼、鲥鱼、鲤鱼、真鲷的鳞片。鲨、鳐、鲤鱼、鲥鱼、刺鲀、海龙、海马、蓝圆鲹、鲟、长舌鲻、大菱鲆、鮟鱇、石鲽等标本。

2. 工具

显微镜、解剖镜、载玻片、烧杯、吸管、电炉，NaOH 或 KOH、甘油等药品。

三、实验内容与方法

(一)鳞片的制作方法

1. 盾鳞的制作方法

取新鲜鲨鱼标本，在背鳍下方，切割边长为 1～2 cm 皮肤，放入 200 mL 烧杯中，加 100 mL 水，再加入 NaOH 或 KOH 4～6 g，搅拌至 NaOH 或 KOH 溶解，放在电炉上加热煮沸，直到皮肤溶解为止，稍冷却后从皮肤上脱落下来的盾鳞沉淀于溶液底部，倒去上层碱液用清水冲洗数次，然后将冲洗干净的盾鳞放入 30% 的甘油水溶液中保存、备用。

2. 骨鳞的制作方法

鳞片取自硬骨鱼类鱼体背鳍下方侧线上方的位置，此区鳞片形状较典型，磨损也少。鳞片表层通常有黏液及皮肤覆盖，可用上述方法去除黏液及皮肤，然后取出用清水漂洗干净，吸干水分，最后连同注明标签一起压在两片清洗干净的载玻片之间，载玻片两端用透明胶带固定。

(二)观察盾鳞、硬鳞、骨鳞的形态结构

1. 盾鳞的结构特征

　　盾鳞为鲨鱼特有的鳞片,肉眼观察鱼体无法看到鳞片的排列与结构。取一尾鲨鱼用手自头向尾触摸手感滑顺,再自尾向头方向触摸具有挫刺感或像沙纸一样。用吸管吸取几颗已处理过的盾鳞,置于载玻片上,用低倍显微镜观察。外形分两部分:尖端朝上的部分为棘突,露在皮肤外面呈顺向排列;棘突下面较平的为基板,是埋在皮肤内面的部分。

　　2.硬鳞的结构特征

　　深埋在真皮深层内的菱形骨板,具硬鳞质,较坚硬,不作覆瓦状排列,鳞片间以关节突相关连,如雀鳝、多鳍鱼、鲟等。

　　3.骨鳞的结构特征

　　骨鳞为真骨鱼类特有,是最常见的一种鳞片,一般呈覆瓦状排列,鳞片的结构因鱼而异。

　　(1)鳞片的表面结构及分区:①前区:亦称基区,埋在真皮深层内的部分;②后区:亦称顶区,露在外面的部分;③侧区:前、后区的背腹部分;④鳞焦:环片围绕的鳞中心位置;⑤鳞峭:骨质层同心圆排列的隆起线;⑥鳞沟:由鳞焦向周围辐射的沟纹;⑦年轮:鱼类在生长过程中随之生长快慢周期在鳞片上留下的鳞峭间距或形状。

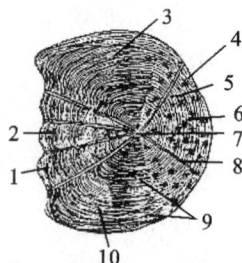

1.鳞脊;2.前区;3.上侧区;
4.黑色素细胞;5.瘤状突起;
6.后区;7.鳞焦;8.鳞沟;
9.年轮;10.下侧区

图 1-5-1　鲤鱼鳞片的分区

　　(2)依后区的不同结构可将骨鳞分成圆鳞和栉鳞:

　　1)圆鳞的形态特征:后区边缘光滑,圆鳞的形态多种多样,根据鳞片的结构特征分为三种类型:①鲤型鳞:鳞峭环绕中心排列,后区常有瘤状突起,鳞沟向基区呈辐射状。②鲱型鳞:鳞峭作同心圆排列,鳞沟作波纹状平行排列(鲱科)。③鳕型鳞:鳞峭作同心圆排列,鳞沟向四区辐射排列(鳕科)。

　　2)栉鳞的形态特征:后区缘具齿状突起,手感粗糙。鳞沟只向基区辐射。根据栉鳞细齿的排列方式分为三种类型:①辐射型:如鲳科、鲷科等。②单列型:如大多数虾虎科等。③锉刀型:如鲻科等。

　　(三)鱼类侧线鳞和侧线上、下鳞的观察

　　1.侧线鳞

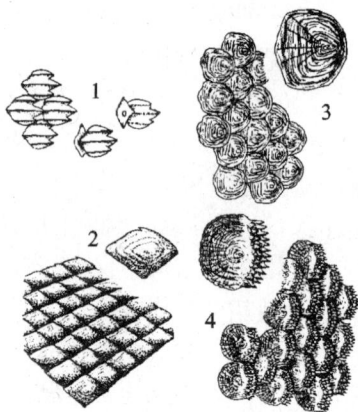

1.盾鳞;2.硬鳞;3.圆鳞;4.栉鳞

图 1-5-2　鱼类的鳞片

体两侧中部各有一列被管状侧线穿过的鳞片。从头后纵列至尾基,其数目是分类的依据之一。观察时可用一条黑细线穿入前、后侧线鳞的侧线管中。

2.侧线上鳞

侧线上鳞为背鳍基部前缘至侧线间(不包括侧线鳞)的横列鳞。

3.侧线下鳞

侧线下鳞为腹鳍(或臀鳍)基底前缘至侧线(不包括侧线鳞)的横列鳞。

(四)掌握鱼类鳞片的组排方式

鳞式:计算鳞片的表示方法,由侧线鳞、侧线上鳞和侧线下鳞数目组成,是分类的重要依据。表达式为侧线上鳞/侧线鳞/侧线下鳞,如鲤鱼的鳞式为 $5\sim6/32\sim36/4-v$;也可以表示为

$$32\frac{5\sim6}{4-v}36$$

四、实验报告和思考题

(1)绘制鲤鱼鳞片图并注明各部位结构的名称及分区。

(2)列出鲤鱼的鳞式。

(3)绘图比较各种鳞片的异同点。

(4)试述鱼类的鳞片结构与鳞式在分类中的地位。

实验六　鱼类的外部形态结构与其生活习性的关系

一、实验目的

通过多媒体教学课件及视频影像资料，观察了解鱼类在不同环境下的生活习性，了解鱼类不同的形态特征及其多变的体色与生活环境的关系。了解鱼类的个体与群体及其相互间互生与共生的关系。

二、实验内容与方法

观看多媒体教学及视频影像资料。

三、实验报告和思考题

(1)试述鱼类多变的外部形态及其生活习性与环境的关系。

(2)试述鱼类的体色变化与其生活环境的关系。

(2)试述多媒体与科教视频对《鱼类学实验》教学的效果、意义及建议。

【内部结构解剖实验】

实验七 解剖观察鱼类的肌肉系统

一、实验目的

通过解剖,了解鱼类肌肉系统的一般结构与生活方式的关系。认识鱼类各部位肌肉的结构,熟悉、掌握鱼类各部位肌肉的一般结构与功能的关系。

二、实验材料与药品器材

1. 实验材料

鲤鱼(或者鲫鱼)的鲜活标本。

2. 药品与器材

解剖盘、解剖剪、解剖刀及尖头镊子。

三、实验内容与方法

1. 肌肉的解剖方法与观察内容

(1)用解剖刀沿鲤鱼头部后方体背正中线的皮肤轻轻划开一刀口,用镊子和解剖刀小心将头部后方左侧的皮肤从前向后边提边与肌肉割离,鳍基部的小肌束一端附于皮肤下方的腱膜上,因此要小心剥离,不要把肌肉束与皮肤一起撕去。

(2)剥去头部皮肤后观察鲤鱼头部侧面的浅层肌肉,注意每块肌肉的起止点及肌纤维方向与作用。

2. 观察鲤鱼头部侧面浅肌(图 1-7-1、图 1-7-3)

(1)下颌收肌:位于眼后下部,前鳃盖骨前面,肌纤维上下斜行,是头侧面最大的肌肉,起点在前鳃盖骨、舌颌骨的前面,后翼骨的后部和方骨后部,止点有肌腱附于上颌骨、齿骨、关节骨内面,收缩时

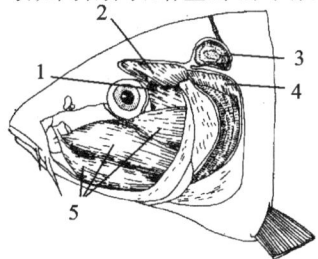

1. 腭弓提肌;2. 鳃盖开肌;
3. 上耳咽匙肌;
4. 鳃盖提肌;5. 下颌收肌

图 1-7-1 鲤鱼头部侧面浅肌

使下颌向上,口则关闭。

(2)舌颌提肌:位于眼后方,短而厚,近四方形,起点在蝶耳骨腹缘,肌纤维向下后方延伸,止点在舌颌骨上半部和后翼骨上缘,收缩时牵动舌颌骨,继而带动鳃盖骨随之张开。

(3)鳃盖开肌:位于舌颌提肌的后上方,眼球后背方,为长形扁平肌肉,起点在额骨后侧面,蝶耳骨侧面和翼耳骨前部,止点在前鳃盖骨和舌颌骨相接处,收缩时,使鳃盖张开。

(4)鳃盖提肌:位于鳃盖开肌后下方,起点在翼耳骨腹面,肌纤维向下方延伸,止点在鳃盖骨上缘。

(5)鳃盖收肌:将主鳃盖骨向背上方翻开,可见其背方的内侧面有一块扁平的肌肉,此即鳃盖收肌,起点在前耳骨后侧面,止点在主鳃盖骨的内侧面,收缩时使鳃盖关闭。

3.鲤鱼头部腹面浅肌

(1)颏舌骨肌:位于头部腹面最前端左、右齿骨之间,肌体呈 Λ 形,起点在角舌骨腹面,肌纤维由后向前延伸,止于齿骨前端内面,收缩时使下颌下降,口则张开。

(2)鳃条骨舌肌:位于颏舌肌的中央后方,起点在尾舌骨前部,为一对长条形肌肉,左右交叉排列,收缩时使鳃条骨靠近身体,鳃孔关闭。

4.观察鲤鱼的体侧肌肉(图 1-7-2)

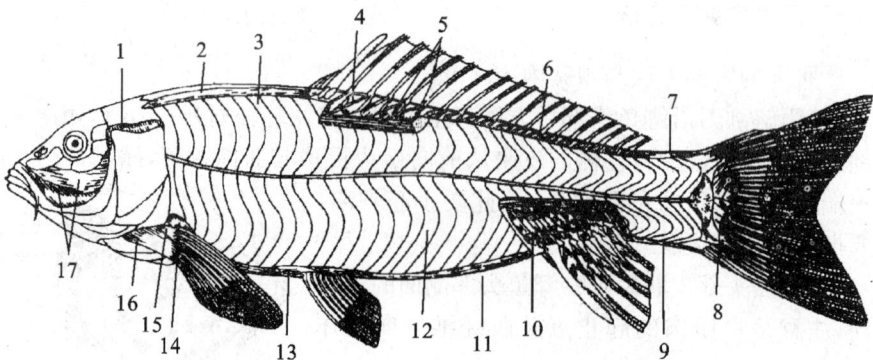

1.鳃盖提肌;2.背鳍引肌;3.轴上肌;4.背鳍竖肌;5.背鳍降肌;6.背鳍倾肌;7.背鳍缩肌;8.尾鳍条间肌;9.臀鳍缩肌;10.臀鳍倾肌;11.腹鳍缩肌;12.轴下肌;13.腹鳍引肌;14.肩带浅层收肌;15.肩带伸肌;16.肩带浅层展肌;17.下颌收肌

图 1-7-2　鲤鱼体侧面浅层肌肉

(1)大侧肌:这是身体两侧按节排列的肌肉,在外观上呈⟩形,是鱼体上最大的肌肉,占鱼体的绝大部分,此肌肉由结缔组织的肌隔分隔成许多肌节,肌纤维前后纵行,附于前后肌隔上,沿体侧中轴有结缔组织的水平隔膜,将此肌分隔成背部的轴上肌及腹部的轴下肌,每一肌节的弯曲也有向前后方突出的圆锥,前后各肌节的肌节圆锥相互套叠,故大侧肌横切面呈同心圆状,大侧肌收缩可使鱼体左右波状屈曲运动。

(2)上棱肌:位于背鳍基部前后端中央的细长纵条形肌肉。有 2 对:①背鳍引肌,位于背鳍前方,肌纤维从上枕骨后延到背鳍第一棘下面,收缩时使背鳍向前。②背鳍缩肌,位于背鳍后方的一对肌肉,收缩时使尾鳍向前倾。

(3)下棱肌:位于腹部中线上的成对细长条形肌肉,肌纤维纵行。有 3 对:①腹鳍引肌,位于腹鳍前方,起自尾舌骨腹侧后端中央,后方以细腱附于腹鳍基部,收缩时使腹鳍前移。②腹鳍缩肌,位于腹鳍后方与臀鳍前方间的一对肌肉,起点在腰带后端,止点达臀鳍最前端的支鳍骨上。③臀鳍缩肌,位于臀鳍后方,起自臀鳍最后支鳍骨上,向后至尾鳍基部,收缩时使臀鳍后缩。

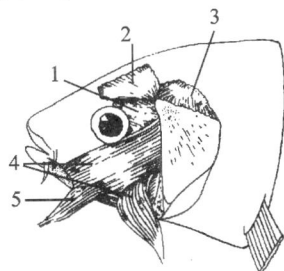

1.腭弓提肌;2.鳃盖开肌;
3.鳃盖提肌;4.下颌收肌头部;
5.下颌收肌下颌部

图 1-7-3　头部侧面深肌

5.观察鲤鱼的眼肌

对照图 1-7-4,鲤鱼眼肌共 6 对,其中 4 对为直肌,2 对为斜肌。

(1)前直肌:位于眼球最前端,夹在两条斜肌之间,止点在眼球最前方。

(2)后直肌:位于眼球最后方,与内直肌相对,止点在眼球最后方。

(3)上直肌:起点在副蝶骨内侧面的骨腔中,止于眼球背面中央。

(4)下直肌:位于眼球腹面,起点与上直肌相同,止点在眼球腹后方。

(5)上斜肌:起点于侧筛骨内侧,肌纤维向外后方斜行,止于眼球背中央。

(6)下斜肌:位于眼球腹面,与上斜肌相对。起自侧筛骨内侧,上斜肌起点的腹面,止于眼球腹面中央。

6.观察鲤鱼的附肢肌肉

对照图 1-7-5,以背、臀鳍肌肉为例,说明肌肉收缩所引起的动作。

(1)背、臀鳍基部的浅肌:背、臀鳍倾肌,位于每一鳍条或棘的基部两侧,为左右成对的小束状肌肉,起点在鳍基部皮肤下的腱膜上,此膜与皮肤相连,并覆盖着大侧肌的背缘,止点的腱附于每一鳍条或棘的基部侧缘,收缩时使鳍条或棘向一边倾斜。

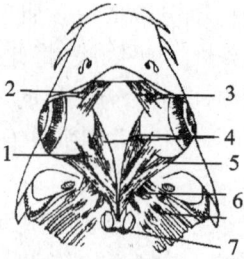

1.上直肌;2.下斜肌;3.上斜肌;4.前直肌;

5.后直肌;6.鳃弓内提肌;7.鳃弓收肌;

8.鳃间背斜肌

图 1-7-4　头部背面眼肌和鳃肌

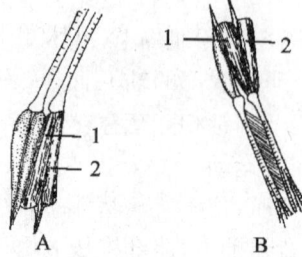

A 背鳍深肌:1.背鳍竖肌;2.背鳍降肌

B 臀鳍深肌:1.臀鳍竖肌;2.臀鳍降肌

图 1-7-5　鲤鱼背、臀鳍深肌

(2)背或臀鳍基部的深肌:有两种。①背鳍竖肌(或臀鳍竖肌):除去背鳍倾肌(或臀鳍倾肌),即可见到每一鳍条或棘的基部前方两侧均附有两条细束状肌肉,起点在鳍条支鳍骨纵脊的前缘与支鳍骨纵脊后缘之间的结缔组织背中隔腱膜上,肌纤维向背后方斜行,止点在鳍棘鳍基或鳍条基部的前缘,收缩时使鳍棘或鳍条竖直。②背或臀鳍降肌:位于鳍条或鳍棘基部后方,收缩时使鳍条或鳍棘往后下方倾倒。

以上背、臀鳍各肌肉左右成对,每一鳍条或棘的基部共有 6 条肌肉。

四、实验报告和思考题

(1)绘鲤头部及躯干侧面浅层肌肉图。

(2)与口及鳃盖的张合相关的肌肉有哪些?

(3)试述鱼体控制游泳运动的主要肌肉分布情况。

实验八 鱼类骨骼系统的解剖与观察

一、实验目的

通过解剖,观察了解鱼类各部位骨骼的结构与功能,掌握鱼类各部位骨骼的一般结构和演化关系,认识鱼类骨骼的一般结构与生活方式的关系,为学习鱼类的分类学奠定基础。

二、实验材料与药品器材

1. 实验材料

鲤鱼(或者鲫鱼)的鲜活标本;已剥制好的骨骼标本。

2. 药品及器材

解剖盘、解剖剪、解剖刀及尖头镊子、过氧化氢。

三、实验内容与方法

(一)鲤鱼骨骼的解剖

(1)先将鱼体在开水中浸泡1~2分钟,然后用解剖刀将鳃盖膜与主鳃盖骨分离,沿着鳃盖骨边缘,向前腹移动,将齿骨腹缘的肌肉切断剔除。将舌弓的茎舌骨与鳃盖骨内方舌颌骨的关节面切开,将舌弓的大部分和鳃弓一起,从脑颅腹面取出。然后再把舌弓和鳃弓放入开水中浸泡1~2分钟,剔除上面的一些软组织。

(2)用解剖刀沿鲤鱼背两侧,从头部后方直剖到尾鳍起点,将肌肉与骨骼分离,注意别损坏脊椎骨两侧的肋骨。躯干部及尾部两侧大块肌肉切除后,可将标本浸泡在10%福尔马林溶液中,浸泡24小时后取出,继续小心将骨骼表面的皮肤、肌肉剔除。

(3)将眼球、嗅囊从骨骼凹窝内取出,去除嗅囊周围的组织时注意别损坏鼻囊后方的薄片状鼻骨及嵌藏在眼眶周围皮肤内的片状围眶骨。或保留嗅囊及眼球周围皮肤,等骨骼稍微干燥后,这些小骨骨缝较明显时,再用镊子小心剔除周围组织。

（4）剔除紧靠头骨后方第1～3脊椎骨两侧肌肉时,注意别损坏两侧的韦伯氏器(四块小骨头连成一串的结构)。

（5）待整条骨骼基本剔除干净后,在30%过氧化氢水溶液中浸泡2～3天,取出用清水漂洗,再晾干,骨缝清楚后即可观察。

(二)观察内容

鲤鱼的内骨骼为硬骨,由主轴骨骼的头骨和脊柱以及附肢骨骼的带骨和支鳍骨所组成,见图1-8-1。

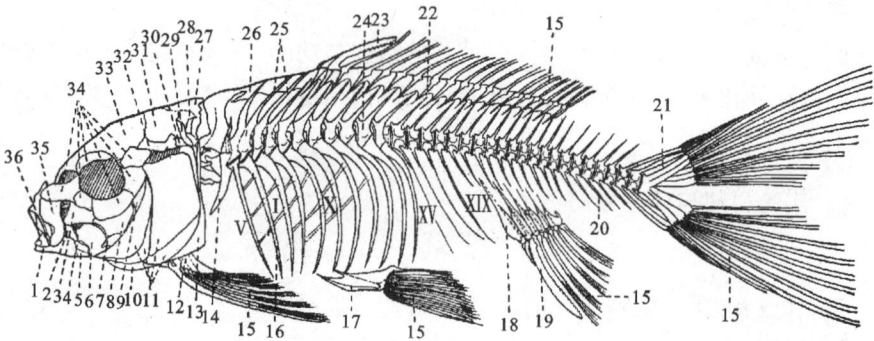

1.齿骨;2翼骨;3.中翼骨;4.关节骨;5.隅骨;6.方骨;7.续骨;8.后翼骨;9.舌颌骨;10.鳃盖条骨;11.鳃盖骨;12.肩带;13.锁骨;14.锥体横突;15.鳍条;16.肋骨;17.腰带骨;18.间脉棘;19.鳍棘;20.脉棘;21.尾杆骨;22.间髓棘;23.鳍棘;24.椎体;25.髓棘;26.骨片;27.上枕骨;28.上耳骨;29.颞骨;30.鳞骨;31.顶骨;32.翼耳骨;33.额骨;34.围眶骨;35.上颌骨;36.前上颌骨　Ⅰ.韧带;Ⅴ～Ⅷ肋骨

图1-8-1　鲤鱼左侧骨骼图

1. 头骨

头骨由脑颅(图1-8-2、图1-8-3)和咽颅所组成。

(1)脑颅:可分成嗅区、眼区、耳区及枕区。

1)嗅区:包围在鼻囊周围的骨骼。包括:①鼻骨,长椭圆形的一对薄片骨,位于中筛骨基部两侧,内侧与中筛骨相接。②前筛骨,位于脑颅前方背面中央的一块棒状小骨。③中筛骨,位脑颅背方前端中央,呈三角形,外侧与侧筛骨相接。④犁骨,位脑颅腹面前端中央,紧贴于中筛骨腹面。⑤侧筛骨,位于中筛骨后方两侧的一对骨骼。

2)眼区:包围在眼球周围的骨骼。包括:①额骨,位于脑颅背面,中筛骨后方的一对长方形骨片,后缘与顶骨相接。②眶蝶骨,位于脑颅腹面中央,左、右两眼眶之间的一块鞍状骨。③翼蝶骨,一对,位于脑颅腹面,眶蝶骨后方两侧。④副蝶骨,位于脑颅腹面中央最长的一块骨骼,前端分叉,有细锯齿缘,嵌在犁骨与侧

筛骨之间,后端紧贴在基枕骨腹面,整个骨骼呈"十"字形。⑤围眶骨,位于眼球
四周的一组骨骼,每侧具6块。

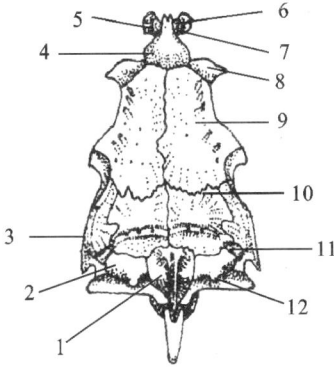

1. 上枕骨;2. 颞骨;3. 翼耳骨;4. 中筛骨;
5. 鼻骨;6. 前筛骨;7. 腭骨;8. 侧筛骨;
9. 额骨;10. 顶骨;11. 鳞骨;12. 上耳骨

图 1-8-2 鲤鱼的脑颅背面

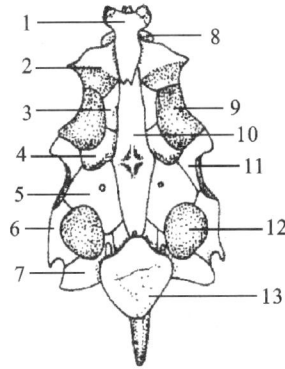

1. 梨骨;2. 侧筛骨;3. 眶蝶骨;4. 翼蝶骨;
5. 前耳骨;6. 翼耳骨;7. 侧枕骨;8. 中筛骨;
9. 额骨;10. 副蝶骨;11. 蝶耳骨;12. 角质垫;
13. 胼底垫

图 1-8-3 鲤鱼的脑颅腹面

3)耳区:包围在内耳周围的骨骼。包括:①顶骨,位于脑颅背面,额骨后方的
一对骨骼。②蝶耳骨,一对,位于额骨后外侧,其腹侧缘有一纵行凹面与舌颌骨
相关节,后背侧覆有翼耳骨,腹面突起与前耳骨相接,前腹内缘与翼蝶骨相接。
③翼耳骨,位于顶骨外侧的一对骨骼,后侧有一关节面与后颞骨相关节,后背缘
与鳞片骨相关节,前缘与额骨、蝶耳骨相关节,腹缘与前耳骨相关节。④上耳骨,
位于顶骨后方的一对笠状小骨,外侧与鳞片骨及翼耳骨相接,前缘与顶骨相接,
内侧与上枕骨相接,后缘与外枕骨的背缘相接,构成耳腔的后顶壁。⑤前耳骨,
位于脑颅腹面,前缘与翼蝶骨相接,外侧与蝶耳骨、翼耳骨相接,后内侧与外枕
骨、基枕骨相接,内侧缘分成背腹两翼状纵行突起,背突起与对侧的前耳骨背突
起相接,腹面的突起与副蝶骨的后背面相接,构成颅腔底壁。⑥鳞片骨,位于脑
颅背后方两侧的一对三角形骨片,紧贴在翼耳骨后缘与上耳骨外侧,后方接在后
颞骨上。⑦后颞骨,紧贴在鳞片骨、上耳骨与翼耳骨后缘间,后端覆盖着肩带上
匙骨的前部。

4)枕区:包围在脑颅最后端枕骨大孔周围的骨骼。包括:①上枕骨,位于脑
颅背后端中央,背面中央有较高的上枕脊突起,中部两侧具翼状侧突,前缘与顶
骨后缘相接,两侧仅与上耳骨相接。②外枕骨(侧枕骨),位于上枕骨两侧,左、右
外枕骨在后方正中相接,腹面形成一大孔,即枕孔,为脑和脊髓的通孔,腹后端有

椭圆形的枕髁,与第一脊椎骨的前关节突相接。③基枕骨,位于脑颅腹面后端正中,前端腹面部分为副蝶骨所覆盖,前接前耳骨,腹面具骨质底盘,其腹面紧贴一块角质垫,称咽磨,与咽齿形相对的咀嚼面。

(2)咽颅:包括 7 对硬骨咽弓,与软骨鱼类咽颅基本相似。

1)颌弓:组成口缘和支撑咽腔前部的骨骼,分为上颌与下颌两部分。

上颌由 7 对骨骼组成。①前颌骨,本骨为一对"Γ"形膜骨,后缘与上颌骨的腹端突起相关节,仅有前颌骨构成上颌前缘,背中央后方突起以韧带与前筛骨相接。②上颌骨,位前颌骨后方的一对膜骨,背端前方与前颌骨关节,后方与腭骨相关节,腹端以结缔组织与下颌的齿骨后端相接。③腭骨,位犁骨前方两侧的一对长方形骨骼,内侧面与犁骨前端两侧相关节,后端与中翼骨相关节。④翼骨(亦称前翼骨),较小,一对,呈扁平菱形,紧贴方骨前缘,前接腭骨,其后背缘与中翼骨相接。⑤中翼骨,位眼眶内侧,呈梯形,薄片状骨骼,前缘具有凹形关节面与后翼骨相接。⑥后翼骨,位于中翼骨后方的一对薄片状骨骼,背后缘与舌颌骨相接,腹缘与续骨、方骨相接。⑦方骨,位于中翼骨腹缘,在背上方以软骨与中翼骨、后翼骨相接,前缘与翼骨相接,腹后方突起与续骨相嵌合,恰腹端有一鞍状关节突,上颌诸骨借此与下颌的关节骨后端凹面相关节。

下颌由 4 对骨骼组成。①齿骨,为下颌最前端一对骨骼,后部分叉,后背突起以结缔组织与上颌骨相连,背腹叉之间,嵌有关节骨及细棒形米克尔氏软骨。②米克尔氏软骨,紧贴在关节骨内侧面,其前端于齿骨内侧面中部相接。③关节骨,嵌于齿骨后部两叉形突起之间,背后方的关节面于方骨突起相关节,后腹端与隅骨愈合,内侧面中央紧贴着米克尔氏软骨。④隅骨,紧贴在关节骨后腹面的颗粒状小骨。

2)舌弓:由基舌骨、尾舌骨和 11 对骨骼及 3 对鳃条骨组成。①基舌骨,位于舌弓最前端腹面中央突出的一块长扁平的骨骼,前端圆钝,后端较细,与后中央基鳃骨和两侧的下舌骨相接,本骨突出口腔底壁,外覆黏膜,构成鱼类的舌。②尾舌骨,位于腹面前端中央一块似箭形的骨,背中央有隆起颇高的纵脊,腹中央亦稍凹入,前端与左、右下舌骨相关节。③角舌骨,位于上舌骨前方的 1 对扁平长方形骨片,前端与下舌骨相关节,腹外侧也附有鳃条骨。④下舌骨,为 2 对小骨,位于舌弓腹面中央,外侧与角舌骨相关节,背中央后方与基舌骨关节,腹面中央与尾舌骨相接。⑤茎舌骨(或称间舌骨),位于前鳃盖骨内侧面的 1 对圆柱状骨,背端与续骨和舌颌骨的腹端相关节,舌弓借此与上颌各骨相关节。⑥上舌骨,位于茎舌骨腹面的 1 对扁平长方形骨片,前端与角舌骨相关节,腹外侧附有鳃条骨。⑦续骨,1 对细棒状骨骼,紧贴在方骨后方突起的背缘,其背方与后翼骨相接,借此骨缝合着后翼骨和方骨,故又称缝合骨,后端内侧与茎舌骨和舌颌骨相接。⑧舌颌骨,位于头骨侧面,眼眶后方的1对骨骼,背缘有一近圆形关节突与蝶耳骨、前耳骨、翼耳骨所共同构成的凹窝相关节,背缘后方的关节突与主鳃盖骨前背缘凹窝相关节,其后缘紧贴前鳃盖骨,此骨腹端与后翼骨、续骨、茎舌骨相接,舌颌骨起着维系脑颅与咽颅的重要作用。⑨主鳃盖骨,位于头部后方侧面近长方形的膜骨,前背缘有圆形的凹窝与舌颌骨突起相关节,在腹缘覆盖着下鳃盖骨,前缘接前鳃盖骨。⑩前鳃盖骨,位于主鳃盖骨前缘,呈」形,弯曲部外侧面有一弧形突起,后腹缘光滑,前缘与舌颌骨、续骨、茎舌骨、方骨相接,腹缘覆盖在间鳃盖骨外侧面。⑪间鳃盖骨,大部被前鳃盖骨所覆盖,后缘覆盖着主鳃盖骨前下缘和下鳃盖骨前缘。⑫下鳃盖骨,位于主鳃盖骨腹缘,前端嵌在间鳃盖骨和主鳃盖骨之间,后端狭长而尖突。⑬鳃条骨,3对,都为长条形骨片,附着于角舌骨、上舌骨的外侧缘。

3)鳃弓:共5对,围绕口咽腔的后部,第5对变异为下咽骨,其余4对的结构与软骨鱼类鳃弓相似,从背至腹由咽鳃骨、上鳃骨、角鳃骨、下鳃骨、基鳃骨所组成。鲤鱼的下咽骨扩大,上具咽齿,齿式为1·1·3/3·1·1,下咽骨前端借韧带连于第4基鳃骨后端。

2.脊柱

脊柱由36个脊椎骨连接而成,其中躯椎16枚,其余为尾椎(图1-8-4)。躯椎具髓弓、棘突、椎体、椎体横突与肋骨相关节;椎体背面前、后方有两对细短突起,即前后关节突。前关节突,与前一椎骨的后关节突相接,后关节突与后一椎骨的前关节突相接。尾椎在椎体腹面突出脉弓与脉棘。

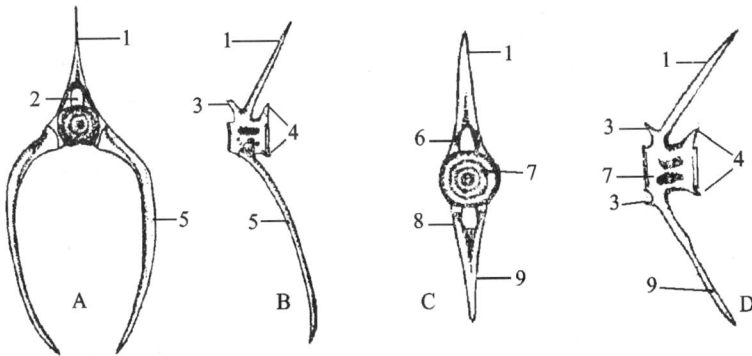

1.髓棘;2.椎管;3.前关节突;4.后关节突;5.肋骨;6.髓弓;7.椎体;8.脉弓;9.脉棘
A.躯椎前面观;B.躯椎侧面观;C.尾椎前面观;D.尾椎侧面观

图1-8-4　鲤鱼的椎骨

第1~3椎骨两侧有4对小骨,借韧带相连,为韦伯氏器。前两对小骨,即带状骨和舶状骨盖着外枕骨孔,孔通入有外淋巴液的沟内,其前方为内耳。

(1)带状骨:最小,呈椭圆形漏斗状,由第1椎骨的髓棘演变而来,位于第1椎骨的椎体和髓弓之间,大部分被舶状骨所覆盖。

(2)舶状骨,呈扁圆状,腹缘有前、后方突出的细枝,由第1髓弓演变而来;外侧后方有粗韧带与第3、4对小骨相连。

(3)间插骨,位于第2椎骨髓弓的腹缘,由第2髓弓演变而来。为Y形小骨,后方叉状部分以结缔组织贴在第2、3椎骨的椎体侧面。

(4)三脚骨,为小骨中最大者,呈三角形,位于第2、3椎骨的椎体横突之间,由第3椎骨的椎体横突演变而来。前端以韧带与前两骨相连,后方尖端埋在鳔前室鳔壁的结缔组织内。鳔中气体压力的变动都通过这一组骨片传导到内耳。

3.肋骨

鲤鱼仅具腹肋,肋骨一端与躯椎的椎体横突相关节。

4.肌间骨

肌间骨按节排列,位于躯部轴上肌各肌隔内及尾部轴上和轴下肌各肌隔内,为细刺状弧形小骨。

5.带骨及支鳍骨

(1)带骨:包括支持胸鳍的肩带和支持腹鳍的腰带。

1)肩带:每侧肩带由6块骨骼组成,从背至腹为:①上匙骨:呈棒状,前后端稍尖,位于后颞骨后方,后端覆盖着匙骨。②匙骨:为肩带中最大的一块,位于背上方,呈尖形突起,其外侧面部分为上匙骨所遮盖,腹缘与乌喙骨相接,内侧面中央后方紧贴肩胛骨。③后匙骨:呈棒状,附在匙骨后缘内侧。④肩胛骨:位于匙骨后内侧,形状不规则,前缘与中乌喙骨相关节,腹缘与乌喙骨相接。⑤乌喙骨:呈菜刀形,位于匙骨腹缘,其后缘与肩胛骨、中乌喙骨相关节,前背缘与匙骨关节,背缘中部与匙骨间形成一椭圆形大孔。⑥中乌喙骨:位于肩带内侧面的弧形小骨,背外侧与肩胛骨相关节,腹缘与乌喙骨相关节。

2)腰带:仅由一块无名骨构成,位于腹鳍前端,前部较宽,前端叉形,后部为细棒状,位于两腹鳍中间。

(2)支鳍骨:①偶鳍的支鳍骨:每一肩带基部具有4块排列成一列的支鳍骨,位于肩胛骨与乌喙骨后缘,另端与鳍条相接;腹鳍仅具一块支鳍骨,位于无名骨后缘。②奇鳍支鳍骨:背、臀鳍的支鳍骨在每一根鳍条下方有两节支鳍骨,鳍间骨颗粒状较小,嵌在左、右鳍条基部之间;鳍条基骨较大,每侧有突出纵峰。尾鳍支鳍骨由下列各骨组成:尾杆骨由最后几个脊椎骨愈合而成,呈棒状,背、腹各一根;尾上骨1块,位于背尾杆骨上方;尾下骨5块,在背腹两尾杆骨之间有4块,腹尾杆骨前下方有1块。

四、实验报告及要求

(1)绘鲤鱼脑颅的背、腹面图。

(2)比较分析鲤鱼和鲈鱼的脑颅、肩带、腰带位置的区别。

(3)比较肩头斜齿鲨和鲤鱼骨骼的异同点。

实验九　鱼类消化系统的观察比较

一、目的要求

通过鲤鱼、鲈鱼、鲳鱼的消化系统的解剖与观察，了解鱼类消化系统的形态构造和位置；并比较分析不同类群和不同食性鱼类消化器官构造的差异，了解食性和形态构造特征相适应的关系。

二、实验材料和器材

1.实验材料

鲜活鲤鱼及鲈鱼、鲳鱼、鲨鱼标本。

2.器材

解剖刀、解剖盘、解剖剪、尖头镊子、圆头镊子、解剖针等。

三、实验内容与方法

（一）鲤鱼

1.解剖方法

左手握鲤鱼，右手持解剖剪，先在肛门前方剪一小的横切口，然后将解剖剪的钝头插入，沿腹中线向前剪开直至鳃盖下方，然后自臀鳍前缘向左侧背方体壁剪上去，沿脊柱下方向前剪到鳃盖后缘，将左体壁全部剪去，呈现内脏。用剪从下颌中央向后剪到鳃孔下方，再沿鳃孔上方经眼睛下缘向前剪断口上缘骨骼，除去口咽腔侧壁。

2.观察内容

鲤鱼的消化系统包括消化管和消化腺。

（1）消化管：鲤科鱼类仅具咽齿，无胃。

1）口咽腔：鲤鱼没有颌齿、腭齿及犁齿，而具发达的（下）咽齿。咽齿着生在口咽腔后方第 5 对鳃弓，角鳃骨扩大形成的咽骨上，咽齿与基枕骨突起下面的角质垫（咽磨）组成咀嚼面。鲤咽齿每侧 3 行，呈臼齿状，大多具沟槽。齿式为 1·1·3—3·1·1。口咽腔底部中央有突出的舌，其后方是着生于鳃弓前面两侧的鳃耙，鳃耙具有滤食作用，观察分析其形状、数目、排列状态和食性的相互关系。

2)食道和肠:鲤鱼食道甚短,接续口咽腔,管壁肌肉层为横纹肌,内壁具有纵褶;背后方有鳔管开口,并以此作为与肠的分界点。肠较长,为体长的2～3倍,盘旋多折;前部较粗,后部渐细。肠内壁有网纹状的黏膜褶皱。

3)胃:多数鱼具明显的胃,是用以贮存食物和消化的器官。硬骨鱼的胃可分成I,U,V,Y,卜形五种类型(图1-9-1),软骨鱼类大多属于U形或V形胃,圆口类、鲤科鱼均为无胃鱼。

(2)消化腺:①肝胰脏:因胰脏组织弥散在肝组织中,故名肝胰脏。为黄褐色不规则形,体积较大,散布在肠管周围的系膜上,是最重要的消化腺。肝胰脏能促进脂肪的分解,也能促使某些蛋白质的消化,还能对来自消化管的有害成分进行抗毒。②胆囊:为椭球形深绿色囊,位于腹腔前右侧,并被肝胰脏所包盖。胆囊前部有一粗短的胆管,开口于肠始处的右侧腹面。

此外,肠系膜上还有一深红色长条形腺体,为脾脏,属淋巴组织而非消化腺。有些鱼类消化系统较复杂,除正常消化管外,还有幽门垂,起辅助消化吸收的功能(图1-9-2)。

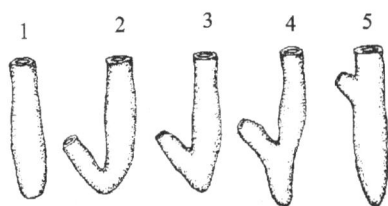

1.I形;2.U形;3.V形;
4.Y形;5.卜形

图1-9-1 鱼胃的几种类型

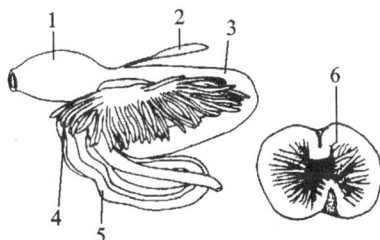

1.食道囊;2.胆囊;3.胃;4.幽门垂;
5.肠;6.食道横切面

图1-9-2 银鲳的消化器官

(二)示教标本的观察

1.鲨鱼的消化系统

鲨鱼消化系统包括消化管和消化腺。见图1-9-3。

(1)消化管:包括口咽腔、食道、胃和肠等。

1)口咽腔:为由上、下颌所围成的腔。后部两侧有5对内鳃裂的开孔。颌齿以结缔组织附于颌骨上;齿侧扁,边缘无锯齿,齿头向外弯斜,外缘近基底处有一凹缺。内侧数列齿,齿尖朝向腹下方,其外被一黏膜褶,为后补齿。口咽腔内壁黏膜上附生盾鳞及分散突出的乳白色圆颗粒状味蕾。腹面有突出的舌。

2)食道:为口咽腔后方的管道,内壁有许多纵行褶皱,后端与胃的贲门部相连。

3)胃:呈 V 形囊,位于肝脏的背面,前端与食道相连处有贲门括约肌,前部较膨大为贲门部,后部弯曲向左侧较细部分为幽门部,后端以发达的幽门括约肌与肠相接。

4)肠:可分小肠和大肠两部分。小肠又分为十二指肠和回(瓣)肠。十二指肠肠管较细短而稍弯曲,胰管开口于此。回肠管径较粗,内有纵行卷轴型螺旋瓣(图1-9-4),亦称瓣肠,螺旋瓣的形状与数目因种而异,输胆管开口于回肠前左侧背方。

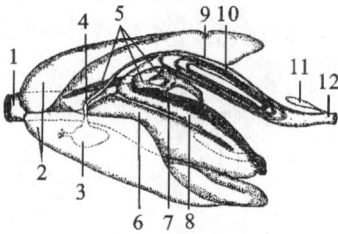

1.食道;2.肝脏;3.胆囊;4.胆管;
5.胰脏;6.贲门胃;7.脾脏;8.幽门胃;
9.瓣肠;10.螺旋瓣;11.直肠腺;12.直肠

图1-9-3 尖头斜齿鲨的消化系统

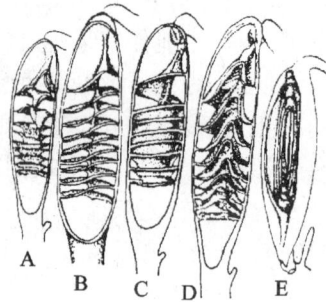

A,B,D.螺旋瓣腹侧去掉的小肠纵切面;
C.去掉肠壁的小肠;E.双髻鲨小肠螺旋瓣

图1-9-4 板鳃鱼类螺旋瓣的几种类型

大肠可分结肠和直肠,两者以近后背侧突出的长椭球形直肠腺为界,此腺有泌盐作用,以调节渗透压。其前方为结肠,管径较细;后方为直肠,较粗短,末端开口于泄殖腔腹壁。泄殖腔孔位于两腹鳍之间,孔的后方两侧有一对小的腹孔,与腹腔连通。

(2)消化腺:包括肝脏和胰脏。

1)肝脏:位于胃的腹面,分左、右两叶,右叶长,左叶稍短,几乎占整个腹腔,前端在横隔后方,借肝冠韧带与横隔相连;前腹面借镰状韧带与腹壁相连,呈灰黄色。左叶肝脏埋着绿色椭球形胆囊,胆管开口于回肠螺旋瓣前端右侧背壁。

2)胰脏:位于胃幽门部和回肠之间的系膜上,呈淡黄色的腺体,分背、腹两叶,背叶小,腹叶狭长,胰管开口于十二指肠。

另外有一个长条形暗红色腺体,位于胃幽门部与回肠之间,为脾脏,属于淋巴组织,是造血器官,不属消化腺。

(三)参照图1-9-5和图1-9-2,观察比较鲈鱼的幽门盲囊与银鲳的幽门垂

鲈鱼在胃与肠交界处,从肠始端突出指状盲囊13～15条,被称为幽门盲囊。

银鲛的指状盲囊数量多,呈穗状,被称为幽门垂。

（四）比较观察鲈鱼的直肠瓣

鲈鱼的小肠与直肠间有突出的环形瓣膜,外观此处有一凹隘,纵剖面可见小肠黏膜褶呈纵条纹,直肠内壁呈纹状。见图1-9-5B。

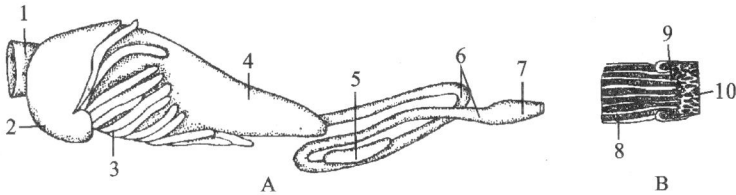

1.食道；2.肝脏；3.幽门盲囊；4.胃；5.脾脏；6.小肠；7.直肠；

8.小肠内壁；9.直肠瓣；10.直肠内壁

图1-9-5　鲈鱼的消化系统

四、实验报告和思考题

(1)比较分析鲨鱼、鲤鱼和鲈鱼消化系统构造的异同及其与食性的关系。

(2)鲤鱼的胃属什么类型？通过哪些器官的形态特征能推测该鱼的食性？

实验十　鱼类呼吸、尿殖系统的观察比较

一、目的要求

通过对鲤鱼的解剖与观察，了解鱼类的呼吸、尿殖系统的构造、位置和功能；了解鲤鱼鳔的功能；并比较分析不同类群呼吸器官构造的差异以及呼吸器官在分类上的作用。

二、实验材料和器材

1.实验材料

鲜活鲤鱼、鲈鱼、鲻鱼，以及鲨鱼示教标本。

2.器材

解剖刀、解剖盘、解剖剪、尖头镊子、圆头镊子、解剖针等。

三、实验内容与方法

（一）鲤鱼呼吸系统与尿殖系统的解剖与观察

1.解剖观察鲤鱼的呼吸系统

用解剖剪从鲤鱼左侧头部鳃盖缘上角插入，沿鳃盖直剪至鳃盖缘腹角，去掉鳃盖，即可见容纳鳃的鳃腔；剪下最外一片鳃片仔细观察。

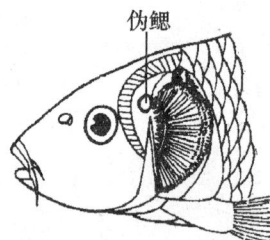

图 1-10-1　鲤鱼的鳃和伪鳃

（1）鳃盖和鳃盖膜：鳃盖位于头后部两侧，鳃盖膜是鳃盖内侧一直扩展到鳃盖后缘外的薄膜，内有鳃条骨支持；此膜配合鳃盖开启或关闭鳃孔。

（2）鳃：第 1～4 对鳃弓的两侧均附有 2 片鳃片，两鳃片彼此分开，基部有退化的鳃间隔相连，并借此将两鳃片基部连系于鳃弓上。鳃片由许多并列的鳃丝组成，在解剖镜下观察，可见每一鳃丝两侧有许多横行薄片状的鳃小片，其上密布微血管，壁很薄，只有两层细胞组成，适于气体交换。见图 1-10-1。

（3）伪鳃：位于鳃盖内侧面上方，为上皮组织的薄膜遮盖，小心除去薄膜，可见平扁近椭球形具鳃丝的伪鳃。见图 1-10-1。

（4）鳃裂道和内、外鳃裂：两鳃弓之间的空隙为鳃裂道，通口咽腔的开孔为内

鳃裂,外端出口处为外鳃裂。

(5)鳔:位于肾脏腹面腹腔背部。鳔分前、后 2 室,前室两端钝圆,后室后端较尖,前端钝圆,前端腹面通出一条细长的鳔管,开口于食道背方。两鳔室之间细狭,内有小孔相通。鳔内有血管分布。

2.解剖观察鲤鱼的尿殖系统

左手握鱼,右手持解剖剪,将解剖剪插入肛门,沿腹中线向前剪开直至鳃盖下方,然后自臀鳍前缘向左侧背方体壁剪上去,沿脊柱下方向前剪到鳃盖后缘,将左体壁全部剪去,呈现内脏。见图 1-10-2。

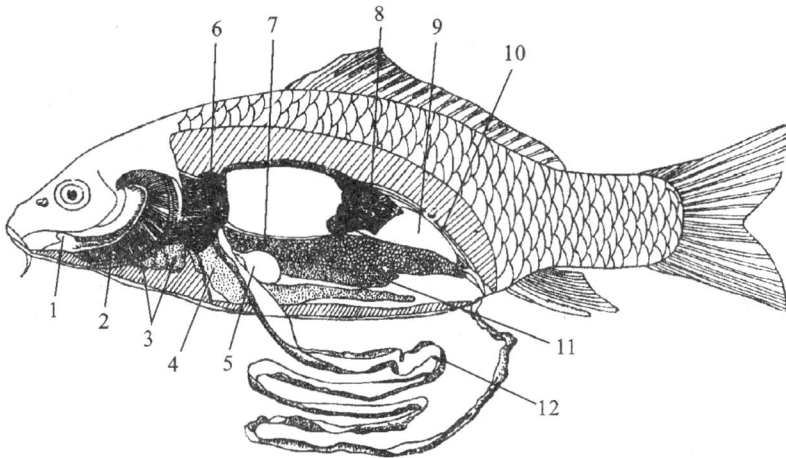

1.舌;2.鳃;3.心脏;4.肝胰脏;5.胆囊;6.头肾;7.卵巢;
8.肾脏;9.鳔;10.输尿管;11.脾脏;12.肠

图 1-10-2 鲤鱼的内脏解剖图

(1)肾脏:中肾一对,为扁平长条形暗红色器官,位于腹腔背壁,紧贴在脊椎骨下方;腹面由一薄层腹膜所覆盖,除去此膜可见全貌。肾脏前端,围心腔腹腔隔膜的前背方有头肾,较膨大,侧视为三角形,为暗红色腺体,无泌尿机能,已变为拟淋巴组织的造血器官。见图 1-10-3。

(2)输尿管和膀胱:每侧肾脏后部外缘有一对细管,为输尿管,向后延伸开口于膨大囊状的膀胱;末端粗短以尿道涌入尿殖窦,以尿殖孔开口于体外,位于肛门后方。见图 1-10-3。

(3)生殖腺:一对,位于鳔腹面两侧。雌性为卵巢,雄性为精巢。性未成熟时为透明细长条状,性成熟个体卵巢或精巢可充满整个腹腔,此时卵巢呈黄色,内有明显的卵粒,精巢呈乳白色,见图 1-10-3。

(4)生殖导管:由包围卵巢或精巢的腹膜向后延伸成一对短而细的输卵管或

输精管。雄性输精管在后端合并,开口于尿殖窦,然后由尿殖乳突开口于体外。雌性有很短的输卵管,后端左、右管合并入尿殖窦,以尿殖孔开口于体外。

（二）鲨鱼呼吸系统与尿殖系统的示教观察

1. 观察鲨鱼的呼吸系统

（1）鳃裂:由发达的鳃间隔分隔成头后外侧的 5 对鳃孔（裂）,开口于口咽腔的为内鳃裂。内、外鳃裂间的通道为鳃裂道或称鳃囊。

（2）鳃弓:为 5 对弧形软骨,支持鳃间隔,第 1～4 对鳃弓的前、后外侧面上都附生有鳃片。

（3）鳃间隔:前、后两鳃片附板状鳃间隔

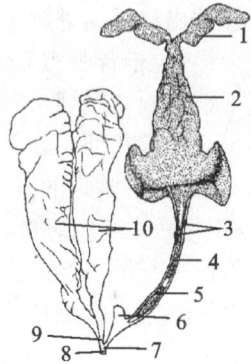

1. 头肾；2. 中肾；3. 斯坦尼氏小体；
4. 输尿管；5. 尾肾；6. 膀胱；7. 尿殖窦；
8. 尿殖孔；9. 输精管；10. 精巢

图 1-10-3　鲤鱼的尿殖器官

上,故有板鳃鱼类之称。鳃间隔每侧 5 片,长于鳃丝并延伸到体表。

（4）鳃片:鳃间隔两侧附有丝状的表皮突起,即鳃片。每一侧的鳃片称一个半鳃,2 个半鳃合成一个全鳃;每侧共 9 个半鳃,最前面附生于舌弓的鳃间隔上,只一个半鳃,第 1～4 鳃弓上有 4 个全鳃,第 5 鳃弓无鳃。

（5）鳃小片:从鳃片上取下 2～3 根鳃须,在低倍显微镜下观察,每一鳃丝两侧有许多薄片状突起,为鳃小片,是气体交换的场所。注意:相邻鳃丝的鳃小片彼此嵌合排列。鳃丝附于鳃间隔的一侧,有一小段距离无鳃丝附着,此处形成一管道,底壁为鳃间隔,两侧壁为鳃丝,顶壁为鳃小片突出部分,称此管道为水管,是呼吸水流排出处,为板鳃鱼类所特有。见图 1-10-4。

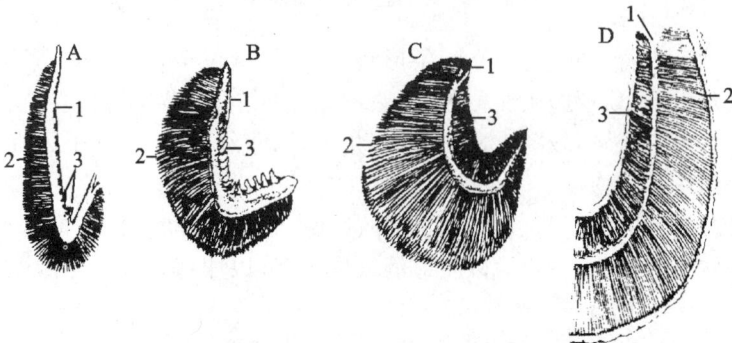

A. 油鲆的鳃；B. 真鲷的鳃；C. 鲻鱼的鳃；D. 姥鲨的部分鳃

1. 鳃弓；2. 鳃丝；3. 鳃耙

图 1-10-4　几种鱼的鳃与鳃耙

2. 鲨鱼的尿殖系统

除去消化系统即可观察尿殖系统的构造。

(1)肾脏：体腔外器官，除去腹腔背壁中央一层薄膜，即可见一对暗红色长条形器官，从腹腔前部延伸到近泄殖腔处，前端稍膨大，为头肾，无泌尿机能。后部狭长，发生上为中肾。

(2)中肾管(吴氏管)：雄体此管已经转变为输精管，紧贴中肾腹面。幼体时管径较细，成体时管腔变粗大而弯曲，前端盘曲为副睾，并有输精小管与精巢前部相连；后端扩大成贮精囊，此囊基部向腹外方突出一薄壁的盲囊，是退化的苗勒氏管的遗迹；贮精囊后端通入位于泄殖腔背壁中央突起的尿殖乳突，其内腔为尿殖窦，后端开孔于泄殖腔。雌体中肾管行使输送尿液的原始机能，为输尿管而无副中肾管，后端开口于泌尿乳突。幼体输尿管紧贴在输卵管背方或里侧，成体则附在输卵管系膜上，此管较细小，需在显微镜下观察。

(3)副中肾管：雄体称为输尿管，位于中肾(肾脏)后部内侧、贮精囊背侧的一对细管，后端开口于尿殖窦。尿殖乳突末端以尿殖孔开口于泄殖腔。

(4)精巢：一对，呈乳白色，长条形，由精巢系膜悬系在腹腔背侧，前端以输精小管与肾脏前部的副睾相连，后端延伸近直肠腺处。

(5)卵巢：一对，长条形，由卵巢系膜悬系在腹腔背侧；性成熟个体可见卵巢内有大形卵粒。

(6)输卵管：位于肾脏腹面的一对管道，幼体管径颇细，成体则粗大且壁增厚。左、右输卵管向前，沿腹腔背壁，在肝脏前缘弯曲，左、右输卵管在肝脏前方中央连合成一共同开口，称输卵管腹腔口，此腔口后方管径细窄，受精作用在此进行；不远处膨大为卵壳腺，腺体后方稍狭，后部膨大为子宫，其末端亦开口于泄殖腔内。

图 1-10-5 为鲈鱼的尿殖器官。

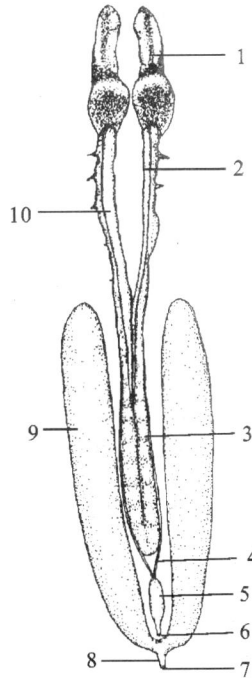

1.头肾；2.左侧后主静脉；3.中肾；
4.输尿管；5.膀胱；6.泌尿孔；
7.生殖孔；8.生殖导管；9.生殖腺；
10.右侧后主静脉

图 1-10-5　鲈鱼的尿殖器官

四、实验报告和思考题

(1)比较分析鱼类鳃耙的构造与其生活习性的关系。

(2)简述鱼类的呼吸器官和辅助呼吸器官的作用。

(3)鲨鱼与硬骨鱼生殖方式的比较。

实验十一 鱼类循环系统的解剖与观察

一、实验目的

通过对鲤鱼循环系统的解剖和观察,了解鱼类循环系统的基本构造,比较软骨鱼类和硬骨鱼类循环系统构造的异同。

二、实验材料和药品器材

1. 实验材料

鲜活鲤鱼、鲨鱼示教标本。

2. 药品及器材

重铬酸钾、醋酸铅、淀粉、甘油、洋红、冰醋酸、动物胶片、甲醛、水浴锅、解剖刀、解剖盘、解剖剪、尖头镊子、圆头镊子、玻璃棒、解剖针等。

三、实验内容与方法

(一)溶液配制和注射方法

为便于解剖和正确区分动、静脉血管,在解剖前需给鱼体注入配制好的固定液。

1. 常用注射溶液的配制方法

(1)淀粉色液:将 5 g 重铬酸钾研磨细,溶解于 200 mL 蒸馏水中,呈饱和状态。再逐渐加入醋酸铅,待溶液呈黄色为止。再加 20 g 细淀粉(玉米粉)和 20 mL 福尔马林,20 mL 甘油,使用时充分搅匀。

(2)胶质色液:动物胶片 30 g,浸入水中软化,再加蒸馏水 200 mL,在水浴锅中加热搅拌,待胶片溶解后用滤纸过滤。再取洋红 5 g,加蒸馏水 10 mL,用玻璃棒搅匀,然后慢慢滴入氨水,直到洋红完全溶解,用滤纸过滤,把此液倒入溶解的动物胶内,搅匀煮沸 5 min,再滴入冰醋酸,直至无氨味、液体呈鲜红色为止。

2. 动脉注射方法

取新鲜标本切断尾部中下方,保留背侧皮肤。让动脉血尽量流出,然后将鱼头朝下,把注射器的针头插入紧贴椎体下方的尾动脉,慢慢将溶液注入血管,直至鳃片上出现颜色为止,用牙签插入尾动脉封住切口,以防溶液外流。最后将鱼体洗净,用10%福尔马林液浸制保存备用。因动、静脉常并行延伸,静脉血在管壁较薄而粗的静脉管中滞留,呈深褐色,借此可区分动、静脉。

图 1-11-1 为鱼类心脏构造模式图。

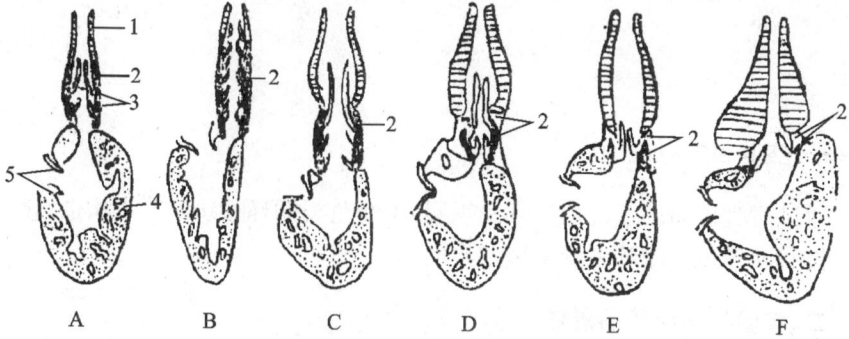

A. 猫鲨;B. 雀鳝;C. 弓鳍鱼;D. 长背鱼;E. 非洲异耳鱼;F. 红眼雅罗鱼

1. 动脉干;2. 动脉圆锥;3. 半月瓣;4. 心室;5. 耳室瓣

图 1-11-1　鱼类心脏构造模式图

(二)鲤鱼循环系统的解剖方法

1. 心脏

剖开头腹面的峡部可见围心腔。剥去围心膜,暴露心脏。心脏包括静脉窦、心耳、心室三部分。但在心室前方无动脉圆锥,而有腹侧主动脉基部膨大、壁增厚的动脉球,新鲜标本呈粉色。在心室与动脉球交界处有 2 个半月瓣。静脉的血在进入心室前,先集中于静脉窦,后才流入心房,最后流入心室。心房与心室间有瓣膜相隔,以防止血液逆流。见图 1-11-2。

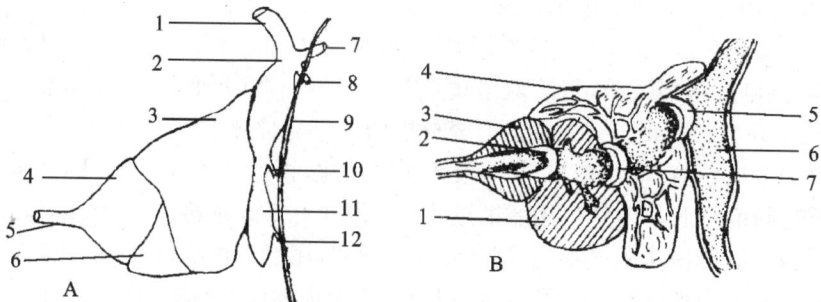

A. 心脏外形:1. 前主静脉;2. 古维尔氏管;3. 心耳;4. 动脉球;5. 腹主动脉;6. 心室;
7. 后主静脉;8. 生殖腺静脉;9. 心腹隔膜;10. 锁下静脉;11. 静脉窦;12. 肝静脉

B. 心脏纵剖:1. 心耳;2 动脉球;3 半月瓣;4 心室;5 窦耳瓣;6 静脉窦;7 耳室瓣

图 1-11-2　鲤鱼的心脏

2. 动脉系统

(1)腹侧主动脉:由动脉球向前延伸的一条较粗而短的血管,位于鳃弓腹面中央。观察时注意勿损伤其腹方的鳃下动脉和背方的颈下静脉。

(2)入鳃动脉:从腹侧主动脉分出4对入鳃动脉,第3、第4的入鳃动脉基部合一,以一管与腹侧主动脉相连;各对入鳃动脉分别进入相应的鳃弓中去,在鳃内又分出无数的毛细血管到鳃丝及鳃小片中。

(3)出鳃动脉:从鳃小片及鳃丝部分的毛细血管汇集到出鳃动脉,前后共有4对,第1对与第2对以及第3对与第4对的出鳃动脉在鳃弓背面分别相互会合而组成两对鳃上动脉,前、后鳃上动脉在背部中央处会合而成一条背主动脉。

(4)鳃下动脉:始自第2、3对出鳃动脉腹端,合成一管,沿腹侧主动脉的腹面伸达心脏后称冠动脉,供给心脏血液。

(5)颈总动脉:一对,由第1出鳃动脉的背部前方发出,向前延伸,然后即分出内、外两支:外支为颈外动脉,该支沿舌颌骨向下分支,分别到达上颌、下颌、口盖黏膜及眼眶等处;内支为颈内动脉,穿过翼蝶骨的小孔进入脑颅骨骼内,左、右颈内动脉在前脑区域的底部相互连接成环状,称为头动脉环,为硬骨鱼类所特有。

(6)背主动脉:左、右鳃上动脉在背部正中线上会合成一条粗大血管,即背主动脉,向后穿过枕骨大孔,进入腹腔,紧贴脊柱下方,一直向后延伸,进入尾部脉弓后称尾动脉。背主动脉弓主要分支:①锁下动脉:在第1、2节脊椎骨处的背主动脉发出的一对血管,它分布到肩带及胸鳍各部。②腹腔肠系膜动脉:紧接锁下动脉后方,由背主动脉发出的一条粗大血管。其沿食道向下延伸,到达腹腔各内脏器官,分布到食道、肠、肝胰脏、鳔、胆囊及脾脏上。③节间动脉:背主动脉在头部后方,按每个体节背面及腹面分别发出成对的动脉,分布于腹面的体壁及背部肌肉中,也有分支到达背鳍;并有分支到达肾脏,称肾动脉。④髂动脉:分支到达腹鳍肌肉的血管。⑤臀鳍动脉:背主动脉后方发出的分支,分布到臀鳍。

3. 静脉系统

静脉系统管壁较薄,鱼死后血液滞留静脉呈深褐色,易与动脉区别,两者常并行分布。

(1)古维尔氏管:连在静脉窦后背方的一对粗短血管,接受前、后主静脉回心脏的血液。

(2)前主静脉:连于古维尔氏管前方的一对静脉,汇集来自头部的血液。

(3)颈下静脉:连接在右侧古维尔氏管上的单条血管,汇集来自上、下颌及舌弓肌肉的血液。

（4）后主静脉：位于肾脏背面的一对血管，尾静脉向前分为 2 支，右侧一支为右后主静脉，在肾脏处不分支，不形成肾门静脉，且较左侧支粗，收集来自尾部和肾脏的血液至古维尔氏管。肾脏在左侧的肾门静脉析散成毛细血管后，再由毛细血管收集汇入左后主静脉，向前通入左侧古维尔氏管。

（5）尾静脉：左、右后主静脉在尾部合成尾静脉，位于尾椎骨脉弓中尾动脉的腹面。

（6）肝门静脉和肝静脉：收集来自肠、脾、胆囊等器官的血液汇集到较粗的一条肝门静脉，在肝脏内析成毛细血管网，然后再汇集到肝静脉回心脏。

此外，还有来自胸鳍的锁下静脉和来自生殖腺的生殖腺静脉等，均连接到后主静脉。

（三）尖头斜齿鲨循环系统示教标本的观察

1. 心脏

在两胸鳍的腹中央剪断肩带，向前剪开围心腔，心脏外有薄膜，为围心膜，剥去此膜即可观察心脏。

（1）心室：肌肉壁厚，呈三角形，尖端向前，前接动脉圆锥。

（2）心耳：壁较薄，位心室背侧，后方基部与静脉窦相通。

（3）静脉窦：壁薄，呈三角囊状，后方两侧与古维尔氏管相通。

（4）动脉圆锥：白色，壁厚，位于心室前中央，前接腹侧主动脉。从围心腔取出心脏，在腹面中央纵剖开，冲洗内积淤血，可见静脉窦与心耳间有两个瓣膜，称窦耳瓣；在心耳和心室间的两个瓣膜为耳室瓣；在心室和动脉圆锥之间的两个瓣膜为半月瓣；在动脉圆锥内有排成 3 列，每列 3 个袋状瓣膜。各瓣膜均防止血液倒流。

2. 动脉系统

从鱼体口角左侧用解剖剪向前剪断一侧的下颌、舌弓、鳃间隔中央、鳃弓和鳃片，打开左侧口咽腔，小心剥离顶壁的黏膜，仔细分离出各血管。腹面沿动脉圆锥向前用镊子清理通入鳃区的血管，最后剖开腹腔。注意不能损坏器官之间的系膜，因血管通过系膜到达各器官，紧贴脊柱下方有粗大的背主动脉，汇集头部来的血管后进入腹腔，注意其分支所到达的器官，一般依此来命名血管。

（1）腹侧主动脉：位于心脏动脉圆锥前方 1 条纵行较粗的血管。

（2）入鳃动脉：由腹侧主动脉向两侧发出 4 对入鳃动脉，最前面的第 1 对又分为前、后 2 支，前支进入舌弓，分布至舌弓半鳃，后支进入第 1 鳃弓的鳃间隔；第 2 到第 4 对入鳃动脉分别进入第 2 到第 4 对鳃弓的鳃间隔上，都具入鳃丝动脉和入鳃小片动脉，进入鳃丝和鳃小片。

（3）出鳃动脉：由出鳃小片动脉和出鳃丝动脉汇集到出鳃动脉，每一鳃弓后半鳃的出鳃动脉与后一鳃弓前半鳃的出鳃动脉相互连接,形成一个围绕鳃裂的出鳃动脉环,前后共有4对环。第1出鳃动脉环向前发出细分支至喷水孔鳃上,为喷水孔动脉。第4鳃弓后半鳃的出鳃动脉不形成环,以小血管与第4出鳃动脉环相接。各出鳃动脉环在背部分别分出一支鳃上动脉,两侧共4对鳃上动脉,都汇集到背主动脉。

(4)颈总动脉:从第1出鳃动脉发出另一支较粗的颈总动脉,向头部伸展,不久分2支,外支为颈外动脉,进入颅骨,供应头部两侧的血液,分支到达眼及嗅囊上,内支为颈内动脉,在左、右颈总动脉会合前发出,分布到脑的腹面。

(5)鳃下动脉:第2~4对出鳃动脉环的腹面各分出一小支汇集成纵行的一支鳃下动脉,位于腹侧主动脉腹面并与其平行,其分支为冠动脉,分布至心脏的动脉圆锥、心耳和心室等,供给心脏营养。

(6)背主动脉:紧贴头背部中央,出头部后,位于脊柱下方、腹腔背方,由躯干部向尾部延伸,分出以下分支:①锁下动脉,由第4鳃上动脉与背主动脉连接处的前方发出,沿肩带分支到胸鳍上。②腹腔动脉,位于锁下动脉后方一支较粗大的动脉,它分两支。一支为肝胃动脉,分布到肝脏及贲门胃;另一支为胰指肠动脉,分布到肠的腹壁和肠螺旋瓣上,其中有分支至胰脏及至生殖腺前部。③胃脾动脉,在腹腔动脉后方,由背主动脉发出分布到胃及脾脏。④前肠系膜动脉,位于胃脾动脉后方,又分成两支,一支为生殖腺动脉,分布至生殖腺上,另一支为肠背动脉,分布至肠的背壁。⑤后肠系膜动脉,躯干后部的背主动脉发出,分布到生殖腺后部及直肠腺上。⑥髂动脉,背主动脉后方发出,位于后肠系膜动脉后方,分布到腹鳍及泄殖腔周围肌肉。⑦体节动脉,沿背主动脉从前至后向两侧成对发出的小动脉,分支到达背、腹面体壁肌肉及肾脏等处。

(7)尾动脉:背主动脉在腹腔后部进入尾椎脉弓中的为尾动脉,位于尾静脉的背方,分支到尾部脊髓及肌肉。

3.静脉系统

(1)颈下静脉:除去围心腔背面的心包壁层,可见心耳背方两侧有一对血管,各开口于古维尔氏导管的两端,接受来自下颌、喉部和鳃的血液,前端膨大成一对舌窦。

(2)前主静脉窦:除去口咽腔背壁的黏膜,可找到一对较粗的血管,接受来自鳃的4对静脉、舌静脉和眶窦的血液,向后开口于古维尔氏管的两侧。

(3)古维尔氏管:在静脉窦末端左、右翼各成一个大的开口,在此延长而成古维尔氏管,所有全身的静脉血均经此管至心脏。

(4)后主静脉:在古维尔氏管两侧后方各有一条粗大的后主静脉窦,用镊子除去横膈膜后两侧的腹膜,可见一对粗大壁薄的后主静脉窦,向后渐变窄而成后主静脉,接受来自生殖腺、生殖导管、节间静脉和肾静脉的静脉血。

(5)腹侧静脉:沿腹腔的两侧壁,除去腹膜,可见其下成对纵行的腹侧静脉,接受来自胸鳍、腹鳍和体后方的血液。

(6)肝门静脉:来自胃、肠、胰、脾等器官的血液,集中成较粗短的肝门静脉,在进心脏前须先进入肝脏内,分支成许多毛细血管网,后再度集中成较粗的肝静脉,至心脏的静脉窦。

(7)肾门静脉:尾椎脉弓中下方一条稍粗的尾静脉,向前至肾脏后,分成两条血管入肾脏,即肾门静脉;它收集尾部血液,在肾脏内分成许多毛细血管网,后又重新集中,经肾静脉至后主静脉。

四、实验报告和思考题

(1)绘鲤鱼的心脏纵剖面图并注明各结构的名称。

(2)何谓门静脉系统?举例说明肝门静脉和肾门静脉系统。

(3)简述鱼类呼吸器官与血液循环器官的相互作用。

实验十二　鱼类神经系统的观察比较

一、实验目的

通过对鲨鱼、鲤鱼、鲈鱼头部的解剖与观察,掌握鱼类神经系统的解剖方法,了解硬骨鱼类神经系统的基本构造及主要特征;比较不同水层、不同生活方式硬骨鱼脑的差异,分析鱼类生态类型与脑形态的相互关系。

二、实验材料和药品器材

1. 实验材料

新鲜鲤鱼、尖头斜齿鲨标本。

2. 药品及器材

硝酸、甲醛、解剖镜、解剖盘、剪刀、眼科解剖剪、尖头镊子和圆头镊子等。

三、解剖方法和观察内容

(一)解剖前的标本处理

将新鲜的鲤鱼头部切下,用10%～20%甲醛液注入脑颅背后方,然后浸泡于5%硝酸溶液中7～10天,使颅部骨骼充分软化。

(二)解剖方法

用镊子将脑颅背面经硝酸软化的骨片轻轻剥离,用脱脂棉花吸去覆盖在脑上面半透明的脂肪,直至脑部完全暴露为止。先观察脑的背面,然后切断脊髓和脑神经,将整个脑腹面翻过来;注意嵌藏在前耳骨凹窝中的脑下垂体,用镊子轻轻提取。

(三)观察内容

1. 中枢神经系统(图1-12-1)

(1)脑的背面观:

1)端脑:位于脑的最前端,包括嗅球和大脑。①嗅球连于嗅囊后方,呈圆球形,其前面是许多短的嗅神经,后面是细长的嗅束与大脑相连。鲈鱼等高等鱼类嗅叶连于大脑前方,其前方有细长的嗅神经与嗅囊相连,而无嗅球和嗅束。②大脑是一对椭球形的大脑半球,每个半球又可分成几叶,内有公共脑室,是未分化的第1、2侧脑室,其侧壁和底壁增厚为纹状体,脑背壁皮层不含神经细胞。

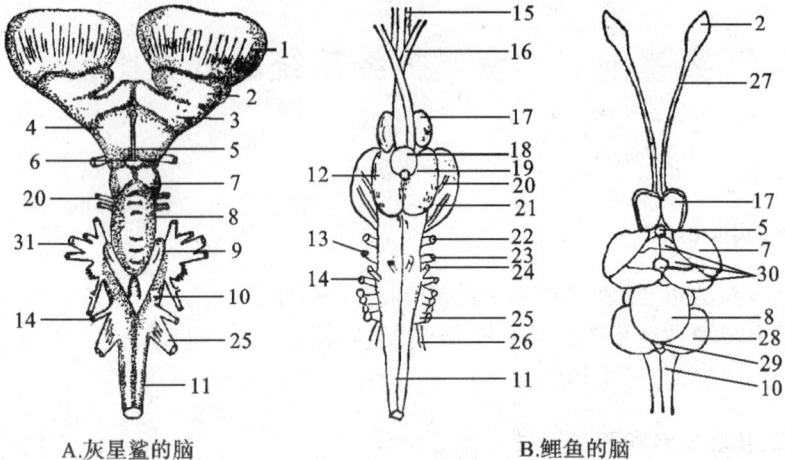

A.灰星鲨的脑　　　　　B.鲤鱼的脑

1.嗅囊;2.嗅球;3.嗅叶;4.大脑;5.脑上腺;6.间脑;7.中脑;8.小脑;9.绳状体;10.延脑;11.脊髓;12.下叶;13.外展神经;14.舌咽神经;15.嗅神经;16.视神经;17.端脑;18.垂体后叶;19.血管囊;20.动眼神经;21.滑车神经;22.三叉神经;23.面神经;24.听神经;25.迷走神经;26.侧线神经;27.嗅束;28.迷叶;29.面叶;30.小脑瓣;31.上下颌神经

图 1-12-1　鱼的脑

2)间脑:位于端脑后面,因被中脑所覆盖,故背面不易见到,顶壁中央突出颗粒状的脑上腺,内有第3脑室。

3)中脑:位于间脑背后方,由左、右两个椭球形视叶组成,因小脑瓣发达,将视叶挤向两侧。

4)小脑:呈单个椭球形隆起,位中脑后方,前面有3对小脑瓣延伸入中脑内部。在第2和第3对小脑瓣中央有一个小球状突起。

5)延脑:脑的最后部分,中央有一个较小的半月形面叶,前部被小脑遮住,其两侧突起呈半球形的迷叶,把面叶夹在中央;后部延长呈管状,前部较宽扁,后部较窄,背面有脉络膜,除去此膜可见 V 形第4脑室。

(2)脑的腹面观:在观察脑背面及 10 对脑神经后,切断脊髓和脑神经。先在前耳骨凹窝内用镊子轻轻提取嵌藏在内的脑下垂体,然后取出整个脑,放入盛水的培养皿内。

由前向后观察,前面是端脑的腹面,其后是间脑,该处有较粗短的视神经一对,彼此交叉排列而不合并。间脑在背面被中脑掩盖,在腹面则可见一对椭球形隆起的下叶,两叶中间为粉红色圆颗粒状的脑下垂体,其基部是漏斗,漏斗和间脑相连,它末端是呈鲜红色颗粒状的血管囊。中脑被间脑遮盖中央部分,仍可见两侧突出的视叶。延脑位下叶后方,多对脑神经出自延脑。

2.外周神经系统

外周神经系统包括脑神经和脊神经。

(1)脑神经:从脑部发出 10 对脑神经,其中位于端脑部位有 1 对,中脑部位有 3 对,延脑部位有 6 对。用镊子从各脑神经基部追寻,除去有关骨骼和肌肉,观察其分布情况,以大写罗马数字示顺序和神经。

Ⅰ.嗅神经:用镊子稍稍分离嗅囊和嗅球,可见有一些细短的神经相连,即嗅神经。以较长的轴突连接嗅球与大脑为嗅束。另一类型是嗅叶未分化为嗅球和嗅束,嗅神经很长,与大脑前方嗅叶相连(见于鲑科和鲈形目的一些鱼类),为感觉性神经。

Ⅱ.视神经:细胞本体在眼球视网膜上。在间脑腹面形成视交叉,然后进入间脑,最终到达中脑,为感觉性神经。

Ⅲ.动眼神经:由中脑腹面发出,分出 4 分支,分别到眼球的上直肌、下直肌、内直肌和下斜肌,为运动性神经。

Ⅳ.滑车神经:由中脑后背侧发出,到达眼球的上斜肌,为运动性神经。

Ⅴ.三叉神经:由延脑前腹侧发出,相当粗大,基部膨大为半月神经节,共分 3 大支,即浅眼支、上颌支和下颌支,为混合性神经。①浅眼支,基部与面神经的浅眼支合并,由眼眶背面前伸到鼻部及吻部皮肤上。②上颌支,位于眼眶腹面,分布于眼球周围及鼻部。③下颌支,分布到下颌收肌。

Ⅵ.外展神经:从延脑腹面发出,是较纤细的神经,分布到眼球的外(后)直肌,为运动性神经。

Ⅶ.面神经:起自延脑前侧面,基部与三叉神经和听神经的基部接近,可分 4 支,是混合性神经。①浅眼支,与三叉神经基部相并合,向前延伸到吻部背面。②口盖支,由腹面发出,向前分布到腭骨的黏膜上。③口部支,分布到上颌前部。④舌颌支,是最粗大最后面的一支,分布到鳃盖、鳃条骨、舌弓、舌颌骨及下颌上。

Ⅷ.听神经:起自延脑侧面,紧靠在面神经的后面,较粗短,分布到内耳,司感觉。

Ⅸ.舌咽神经:由延脑侧面发出,紧位于听神经之后,折向前方,在第 1 鳃弓背面膨大成一个神经节,其后方分为 3 支,最前面的一支分布到口咽腔前部的口盖黏膜上,第 2 支沿第 1 鳃弓前面向下延伸到口咽腔后部黏膜上,第 3 支分布到第 1 鳃弓上,它又分 2 小支,一小支分布到第 1 鳃弓前半鳃的基部,另一小支分布到第 1 鳃弓的鳃耙及鳃弓黏膜上,是混合性神经。

Ⅹ.迷走神经:起源于延脑侧面,是脑神经中最后和最粗大的一对,有 4 分支,是混合性神经。①鳃支,最前面的粗大分支,分布至第 1 鳃弓后面至第 4 鳃弓,它又分3小支,每个小支都有一膨大的神经节;每一小支又分出前、后2细支,分别通到前一鳃弓的后半鳃和后一鳃弓的前半鳃上,称为鳃前支和鳃后支。②内脏支,位于鳃支后方,分为2支,一支沿着肩带前方内缘下行穿入围心腔、静脉窦,再分布到心脏,是为心脏支;另一支沿肩带内缘穿入腹腔,分布到食道、肠、肝、鳔等内脏器官。③侧线支,位于最后和最粗大的一支,沿体两侧的水平肌隔向后延伸,有细支分布到侧线上。④鳃盖支,在鳃支与内脏支之间,沿主鳃盖骨向下延伸,分布到鳃盖骨内缘的鳃盖膜上。

(2)脊神经:除去轴上肌和轴下肌及一侧脊椎骨的髓弓,可见椎管内乳白色的脊髓,由此发出约36对脊神经。每对脊神经包括一个从脊髓背侧发出的背根和腹侧发出的腹根,背根在未出髓弓前形成膨大的脊神经节。每对脊神经的背根和腹根前后交互排列,在穿出髓弓前相互合并,通出后分为2支,一为背支,又分2小支,分布到体背部肌肉与皮肤上;另一支为腹支,也分2小支,一小支分布到体侧的轴上肌和皮肤上,另一小支分布到轴下肌及皮肤上。腹支腹面的小分支发出交通支,与交感神经干的交感神经节相连。

3.交感神经系统

除去鱼的消化管、消化腺及鳔等,然后小心除去肾脏,可见体腔背面背主动脉两侧,有两条细长灰白色前后纵行的交感神经干,并有按节排列膨大的交感神经节。观察时要把鱼体背部肌肉除去,同时将体腔侧壁的肌肉除去,将鱼体分段放入盛水的培养皿内,在解剖镜下观察。

(三)鱼类脑中枢的功能

(1)端脑:位于脑的最前端,包括嗅脑和大脑,是嗅觉中枢,也是鱼类的高级运动中枢。

(2)间脑:大脑后方的凹陷部分,常在背面被中脑遮盖,是嗅觉、味觉、激素、兴奋的调节中枢。

(3)中脑:由左、右两个椭球形视叶组成,是视觉中枢。主要借视觉觅食的上层鱼类其中脑较发达。

(4)小脑:运动的主要调节中枢,维持平衡与姿势,掌握运动的协调和肌肉张力的节制作用。

(5)延脑:脑的最后部分,它通出枕骨大孔后就是脊髓,两者无明显的分界。延脑包括多方面的神经中枢,它的神经束达呼吸器官、脏、肠、胃、食道、内耳及皮肤感觉器管等。

（四）脑的形态与生活习性的关系（图 1-12-2）

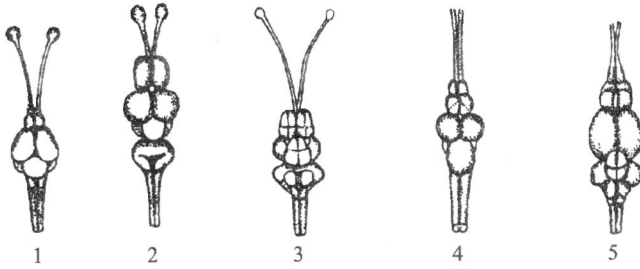

1. 鲚;2. 泥鳅;3. 黄颡鱼;4. 小沙丁鱼;5. 带鱼

（1,4,5 为上层鱼类;2,3 为底层鱼类）

图 1-12-2 上层鱼类与底层鱼类脑结构的比较

（1）中上层鱼类:依赖视觉觅食,脑的特点是视叶发达,纹状体不发达,小脑大或侧叶发达;延脑分化不大,如鲚、鲢、鲈和带鱼等。

（2）底层鱼类:具发达的纹状体,大脑发达,常有沟纹,小脑较小,延脑发达且常分化。这与具触须和侧线感觉器官发达有关,如鲤、泥鳅、黄颡鱼等。

四、实验报告及思考题

（1）绘制鲤鱼脑的背、腹面图。

（2）两种鱼类神经系统的形态结构比较。

	端脑	间脑	中脑	小脑	延脑	十对脑神经
鲨鱼						
鲤鱼						

（3）分析生活于不同水层鱼脑形态与生活习性的关系。

实验十三　鱼类的感觉器官和内分泌器官的观察

一、实验目的

通过对鲤鱼感觉器官的解剖与观察,了解鱼类感觉器官的基本类型、构造及机能,了解鱼类主要内分泌腺的位置、基本构造及机能。

二、实验材料和器材

1. 实验材料

新鲜鲤鱼及尖头斜齿鲨、何氏鳐和鲈鱼的浸制标本。

2. 器材

解剖镜、解剖盘、剪刀、镊子等。

三、实验内容与方法

(一)鲤鱼的感觉器官(图 1-13-1)

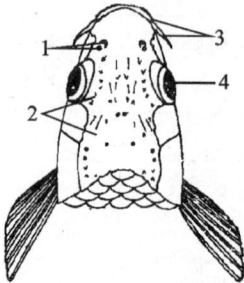

1.鼻孔;2.侧线管孔;
　3.颌须;4.眼

图 1-13-1　鲤鱼头部的感觉器官

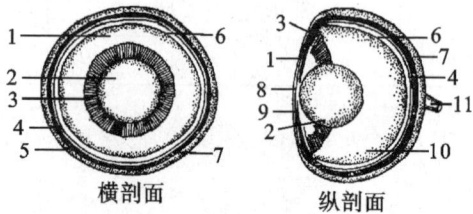

1.虹膜;2.晶状体;3.睫状体;4.银膜;5.巩膜;6.视网膜;
7.脉络膜;8.瞳孔;9.角膜;10.玻璃体;11.视神经

图 1-13-2　尖头斜齿鲨的眼

1. 皮肤感觉器官

侧线管(图 1-13-3)是皮肤的感觉器官,呈管状,每侧一条,分布于皮下,贯穿在侧线鳞内,并有穿孔与外界相通,在鳞片的基区开口于外表面,顶区开口于内

表面。头部侧线管分支复杂,管道埋藏在膜骨内,分别为:

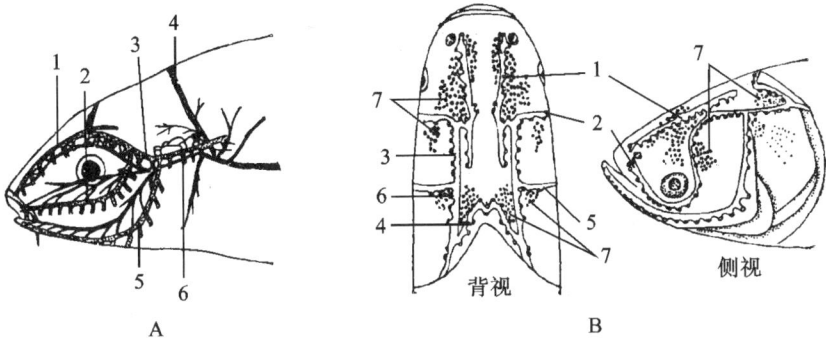

1.眶上管;2.眶下管;3.颞管;4.横枕管;5.前鳃盖下颌管;6.眶后管;7.陷器;

图 1-13-3　鲤鱼头部的侧线管(A)及鲢鱼头部的侧线管(B)

(1)眶上管:位于眼眶背面,前达鼻部前端,管道埋在鼻骨、额骨及顶骨中。

(2)眶下管:位于眼眶的下方和后方,管道穿过 6 块眶下骨。

(3)前鳃盖舌颌管:位于眶下管的后方,管道穿过舌颌骨、前鳃盖骨,向前经下颌的关节骨至齿骨前部。

(4)眶后管:位于眶下管与前鳃盖舌颌管间,管道埋在翼耳骨前部。

(5)颞管:自眶后管和前鳃盖舌颌管相交之后,管道穿过翼耳骨后部及鳞片骨中。

(6)横枕管:为位于头后背方的横行管,两端连接体侧的侧线管,管道埋在鳞片骨、上耳骨、顶骨和上枕骨内。

鲨与鳐类的罗伦管系统见图 1-13-4。

2.听觉器官

听觉器官(图 1-13-5)是脊椎动物中最简单的内耳器官,位于小脑两侧,由半规管、耳囊、耳石组成。①内淋巴管,为较短的盲管,位于球囊内侧中央。②总脚,为前、后半规管在中央连成的一个长形囊,此囊腹面与椭球囊相通。③球囊,此囊向后延伸突入基枕骨背面一对凹窝内,内有 2 块耳石,前面一块较小为矢耳石,后面一块较大为星耳石。④椭球囊,此囊呈长椭球形,位于小脑两侧,前端有小耳石,三个半规管均通入此囊。⑤内淋巴窦,球囊前端内侧各出一细管与对侧内耳的细管相连,此横行细管的中央向后突出的囊为内淋巴窦。

3.嗅觉器官

嗅觉器官为由多褶的嗅觉上皮内陷形成嗅囊,能感觉气味及低浓度化学物质的刺激。

4.味觉器官

味觉器官由分布在身体各部位的味蕾构成,起寻找食物辨别味道的作用。

5.视觉器官

视觉器官由眼睛构成,视距较小、视野宽阔,能感觉颜色、物体形状和光的明暗强度。眼睛的基本构造有 3 层被膜及晶状体、水状液和玻璃体。

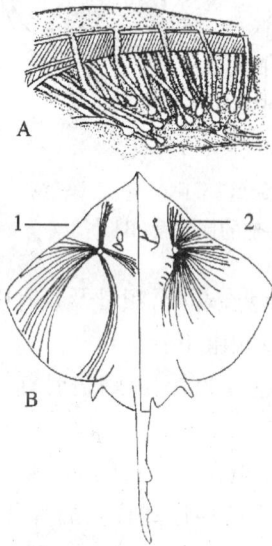

A. 鲨鱼;B. 鳐
1. 背面;2. 腹面

图 1-13-4　鲨与鳐的罗伦管系统

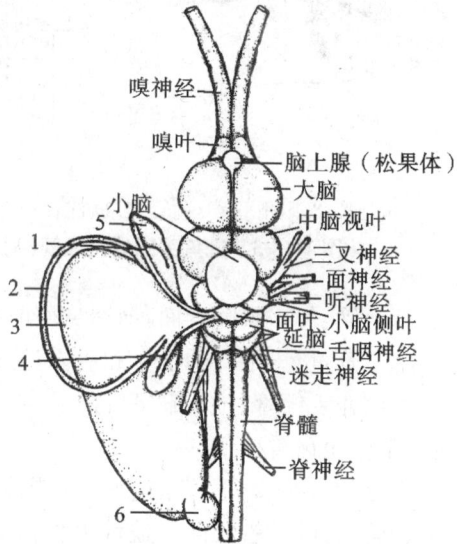

1. 前半规管;2. 侧半规管;3. 球囊;
4. 后半规管;5. 壶腹;6. 瓶状囊

图 1-13-5　小黄鱼的听觉系统与脑

(1)角膜与巩膜:角膜为眼球外露部分,透明扁平薄膜状。光线由角膜进入眼内;角膜后方为坚厚不透明的巩膜,由致密纤维结缔组织和透明软骨构成。用剪刀除去内侧面的巩膜,可见脉络膜背方有马蹄形的红色突出环状物,围绕着视神经,此即脉络腺,由毛细血管聚集而成。

(2)脉络膜:紧贴巩膜内面,内含丰富的血管及色素细胞,此膜又分 3 层,即血管层、色素层及银膜层。血管层与色素层在外观上不易区别,均呈深褐色;银膜层呈银白色,有强烈的反光作用。脉络膜向前延伸形成虹膜,其中央的纵缝即瞳孔。

(3)视网膜:眼球最内一层,新鲜标本透明无色,浸制标本呈灰白色,前达虹膜后缘。内层有感觉细胞分布,外层分布神经细胞,其轴突集中形成神经纤维群,在视网膜后,即为视神经。镰状突,位于后眼房腹面视网膜上,突出呈镰刀状的透明薄膜,向前伸达晶状体的后下方。

(4)晶状体:位于瞳孔后方,为无色透明的球体,具有透镜作用,能聚集外来光线通过晶状体折射后集中到视网膜上,产生视觉。以晶状体为界,将眼球内腔分为前、后两室,分别称为前眼房和后眼房。

(5)水状液:充满前眼房的透明液体,使角膜紧张而平滑。

(6)玻璃体:充满后眼房的透明胶状体,能固定视网膜的位置。

(7)悬韧带:位于视网膜前端,是无数透明胶样纤维,辐射地伸向晶状体,附于薄而具弹性的晶体囊外膜上,一端悬系于睫状突上。

(8)晶体缩肌(铃状体):附于晶状体后方的小块肌肉,肌肉起点附在镰状突前方,收缩时将晶状体向后拉,使鱼能看清远处物体。

(二)内分泌器官

1.脑垂体

鲤鱼的脑垂体是位于脑腹面视交叉后方中央的粉红色颗粒,其基部是漏斗和间脑相通,脑垂体嵌藏在左、右前耳骨合成的一个凹窝内,在观察时用镊子轻轻提取。

2.甲状腺

鲤鱼的甲状腺分布在腹侧主动脉两侧,为一群群分散的透明腺体。

3.肾上腺

鱼类肾上腺的皮质和髓质部是两种不同类型的组织,即肾上组织和肾间组织。鲤鱼的肾上腺在肾脏后端背侧,为球形或卵形粉红色的一对小体,组织结构与肾间组织有类似之处,亦称斯坦尼氏小体。

4.胸腺

鲤鱼的胸腺位于第4鳃弓背面,鳃腔背部,被鳃盖骨遮盖,在上耳咽匙肌上部的前腹面,除去部分翼耳骨可见扁平椭球形腺体。

5.胰岛

鲤鱼的胰岛细胞埋藏在肝脏中,故称肝胰脏。鲈鱼的胰岛位于输胆管周围,新鲜时为粉红色小圆颗粒。

四、实验报告及思考题

(1)绘出鲤鱼头部的感觉器官。

(2)根据鲤鱼的内耳解剖,分析探讨韦伯氏器与内耳和鳔的相互联系和机能。

(3)比较鲨鱼和鲤鱼皮肤感觉器官的异同。

第二部分

形态分类学实验

世界上鱼的种类有 2 万余种。其中,圆口纲有 73 种,软骨鱼纲约 800 种,硬骨鱼纲约 2 万种。

我国鱼的种类有 3 000 多种。其中,海水鱼类有 2 100 余种,淡水鱼类约 1 010 种。

鱼类分类学就是要对如此繁多形态各异的鱼类进行分门别类,摸清它们的系统演化关系。它的基本任务不仅要识别鱼类、鉴定名称,而且要探讨鱼类彼此间的异同及其异同的程度,进而研究物种的亲缘关系和物种的起源、分布及鱼类进化的可能过程与趋向等。

随着科学技术的发展,分类学出现了一系列新的技术分析、测试方法,但尚不完善。传统的形态比较法仍是目前分类工作中必不可少的基础分类方法。

迄今世界上发表的鱼类分类系统有许多个版本,被大多数人所采用的为拉斯(T. C. Pacc)和贝尔格(1971)的分类系统以及纳尔逊(J. S. Nelson,1994)的分类系统。

各种鱼的名称采用国际通用的拉丁学名表示。如花鲈的学名为 *Lateolabrax japonicus*,其中 *Lateolabrax* 为属名,第一字母要大写,*japonicus* 为种名,第一字母要小写,属名种名必须同时列出,属名可以缩写。未确定种名在属名后用 sp. 表示。

目前我国的鱼类分类学在这两个系统的基础上进行了一些调整。

鱼类分类的阶元与其他生物的分类方法相同,在脊索动物门下,分为亚门、总纲、纲、亚纲、总目、目、亚目、总科、科、亚科、属、亚属、种及亚种。其基本单位是物种,由相近的种合成一级比一级大的阶元。

属是一群相关的种,科是一群相关的属,目是一群相关的科,每一个这样的类群是由下一级较低的单元所组成的。这些单元具有一系列生物学和结构上的性状,有别于其他类群。

拉丁文名称一般是采用贝尔格的意见,目、科等学名均用一定字尾来表示。如:

目 formes	鲤形目 Cypriniformes
亚目 oidei, oiden	鲤亚目 Cyprinoidei
总科 oidae	
科 idea	鲤科 Cyprinidae
亚科 inae, ini	鲤亚科 Cyprininae

由于语言不同,世界各地给鱼起了不同的名称,给相互交流带来麻烦。因此

有必要使用一种统一的名称。国际上现采用林奈氏 Linne1758 年在《自然系统》中提出的"双名法"作为学名,即属名＋种名＋原始定名人的姓。属名第一个字母要大写,属名、种名为拉丁文,用斜体表示。

命名法规定,任何一个种名都以最早订立的有效种名为准。同种异名、异物同名订正时均以最早订立的有效种名为准。

我国常用的鱼类分类检索表有 3 种格式:①对选并靠检索表;②逐项退格检索表;③连续检索表。本教材分类实验的检索表参考孟庆闻、冯昭信等作者编写的《鱼类学》教材,采用了连续检索表格式,并根据水产学科实际应用的需要,选择主要海洋经济鱼类和部分价值较高的淡水鱼类作为代表种,对其分类特征和地理分布进行了专门的介绍。下表是本教材的鱼类分类系统列表。

纲	亚纲	总目	目
圆口纲 Cyclostomata			七鳃鳗目 Petromyzoniformes
			盲鳗目 Myxiniformes
软骨鱼纲 Chondrichthyes	板鳃亚纲 Elasmobranchii	鲨形总目 Selachomorpha (侧孔总目 Pleurotremata)	六鳃鲨目 Hexanchiformes
			虎鲨目 Heterodontiformes
			鲭鲨目 Isuriformes
			须鲨目 Orectolobiformes
			真鲨目 Carcharhiniformes
			角鲨目 Squaliformes
			锯鲨目 Pristiophoriformes
			扁鲨目 Squatiniformes
		鳐形总目 Batomorpha (下孔总目 Hypotremata)	锯鳐目 Pristiformes
			鳐形目 Rajiformes
			鲼形目 Myliobatiformes
			电鳐目 Torpediniformes
	全头亚纲 Holocephali		银鲛目 Chimaeriformes

（续表）

纲	亚纲	总目	目
硬骨鱼纲 Osteichthyes		内鼻孔亚纲 Choanichthyes(肉鳍亚纲 Sarcopterygii)现存种类很少,主要分布于美洲、澳洲和非洲,我国尚未发现。	
	辐鳍亚纲 Actinopterygii		鲟形目 Acipenseriformes
			海鲢目 Elopifomes
			鼠鳝目 Gonorynchiformes
			鲱形目 Clupeiformes
			鲑形目 Salmoniformes
			灯笼鱼目 Myctophiformes
			鳗鲡目 Anguilliformes
			鲤形目 Cypriniformes
			鲇形目 Siluriformes
			颌针鱼目 Beloniformes
			鳕形目 Gadiformes
			金眼鲷目 Beryciformes
			海鲂目 Zeiformes
			海龙目 Syngnathiformes
			鲻形目 Mugiliformes
			鲈形目 Perciformes
			鲉形目 Scorpaeniformes
			鲽形目 Pleuronectiformes
			鲀形目 Tetrodontiformes
			鮟鱇目 Lophiiformes

实验一　鱼类形态分类的基本方法

一、实验目的

通过对鱼类标本的可量性状、可数性状的观察、测定与记述，掌握利用形态、结构特征对鱼类进行分类的基本方法。熟练掌握分类检索表的使用，掌握分类检索表的编排方法。

二、实验材料与器材

1. 实验材料

尖头斜齿鲨、孔鳐、光魟、星康吉鳗、海鳗、鲈鱼、鲤鱼、长舌鲳、鳓、斑鰶等标本。

2. 器材

解剖盘、量鱼板、镊子、解剖镜、显微镜等。

三、实验内容

1. 形态分类的基本要点及概念

以鱼类在形态上或解剖上的相似性或相异性总和为基础的分类方法称为形态分类，这是目前鱼类分类最主要的方法之一。其要点如下：

（1）根据体型、体色和吻、鳃、口、鳞、鳍、棘等体表结构的形状与位置进行纲、目、科的粗略划分。

（2）根据可数性状和可量性状的测定结果比对检索表进行属、种的检索。

可数性状：鳃耙数、鳍式、鳞式、咽齿数、幽门盲囊数、脊椎骨数、须等。

可量性状：如体长、体高、尾柄长、尾柄高、头长、吻长、眼径、口裂等的量度及比值。

（3）外部结构难以确定时，须经内部结构的比对进行鉴定，齿的形状与排列、鳃耙的形状结构、鳔的形状、腹膜颜色、消化道结构及骨骼构成等内部构造是鉴定的主要依据。此外，生活习性、地理分布也是分类的参考指标。

（4）模式标本：在原始新种描记发表时由原始命名者所指定或示意作为"模

式标本"的单个标本,标本要求完好无损。分类时可做参照,发表新种须与模式标本核对。

2.可量性状测定

根据"形态学实验二"所掌握的鱼体各部位分区的定义及其测量方法,对实验鱼类的下列项目进行测量:全长、体长、体高、头长、吻长、眼径、眼间距、尾柄长、尾柄高。计算出每尾鱼的体长/体高、体长/头长、头长/吻长、头长/眼径、尾柄长/尾柄高等。

3.可数性状测定

测定项目包括:鳍式、鳞式、鳃耙数、齿式、脊椎骨数等。

(1)鳍式:根据"形态学实验三"所掌握的方法计算鱼类的鳍式。

(2)鳞式:根据"形态学实验五"所掌握的方法计算鱼类的鳞式。

(3)鳃耙数:记载方式有2种:①记载第一鳃弓的外鳃耙总数,而不分上、下鳃耙。②计数上鳃耙数(长在咽鳃骨与上鳃骨上的鳃耙数)加下鳃耙数(长在角鳃骨与下鳃骨上的鳃耙数)。(4)齿式:不同鱼类齿的形状、数目和排列状态均不一样。根据齿的不同着生位置具有不同的名称(图 2-1-1)。鲤科鱼类最后一对鳃弓的角鳃骨特化为下咽骨,其上长有牙齿,称为咽齿。咽齿的数目、行列记载的方式为齿式,如鲤鱼齿式为 1·1·3/3·1·1。

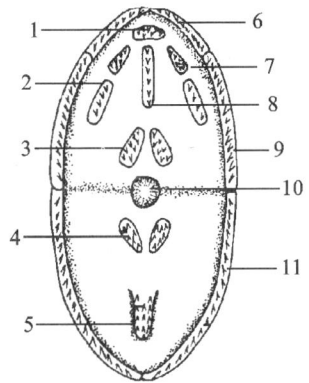

1.犁齿;2.翼齿;3.上咽齿;4.下咽齿轮;5.舌齿;6.前颌齿;7.腭齿;8.副蝶骨齿;9.上颌齿;10.食道口;11.下颌齿

图 2-1-1　硬骨鱼类牙齿的位置

4.利用检索表对鱼类进行鉴定的步骤

(1)首先根据鱼的鳃裂及其他基本结构进行软骨鱼纲、硬骨鱼纲的划分。

(2)根据鱼类的体形、鳃的数量、鳍的形态结构、鳞片的形态结构、吻的变化等特征,初步进行亚纲、总目的划分。

(3)根据鱼类鳃的位置、腹鳍的位置、背鳍棘有无及鳞片为圆鳞还是栉鳞等鉴定出所属目、亚目、科、亚科。

(4)根据鱼体可量数据和鳍、鳃、齿等可数性状的参数,参阅有关分类专著,详细分类鉴定到属。

(5)鉴定到具体的种时,要详细参阅、对照有关文献中关于种的描述或模式种进行确认。

四、实验报告及思考题

(1)根据实验观察,写出鱼类各纲的分类要点,并绘模式图对比简要说明。

(2)写出鱼类分类鉴定需要掌握的基本要素和基本步骤。

(3)根据实验鱼的主要特征,由低等到高等排列一个顺序表。

(4)简述鱼类的齿和鳃耙的结构在分类中的作用。

实验二　鱼类的分类检索（一）

——圆口纲、软骨鱼纲、硬骨鱼纲鲟形目、 海鲢目、鼠鱚目的分类

一、实验目的

通过观察各种鱼的实物标本与多媒体电子图片，认识圆口纲、软骨鱼纲、硬骨鱼纲中鲟形目、海鲢目、鼠鱚目等鱼的主要形态特征及分类依据，掌握常见鱼的形态特征，熟悉分类检索表的使用方法，为鱼类学的进一步学习打下基础。

二、实验材料与器材

1.实验材料

各种浸制或鲜活的鱼标本。

2.器材

解剖盘、塑料盘、大镊子、量鱼板、卡尺。

三、实验内容与方法

根据鱼鳃、鳍、鳞的结构与位置和体形、吻形、尾形、眼、侧线等特征对照参考图和下列检索表对实验鱼进行分类、检索、鉴定。熟记常见经济鱼的形态结构特征。

（一）圆口纲（Cyclostomata）

圆口纲是脊椎动物中最古老的一个类群，共约 73 种，包括两目：七鳃鳗目、盲鳗目。

1.圆口纲目、科和种的检索表

检索表

1(6)无口须，口呈漏斗状吸盘；眼在成体发达；鼻孔位头背面

.... 七鳃鳗目 Petromyzoniformes

七鳃鳗科 Petromyzonidae

2(3)两背鳍连续 .... 雷氏七鳃鳗 *Lampetra reissneri*

3(2)两背鳍分离

4(5)下唇板齿 9～10 枚 ·············· 东北七鳃鳗 *Lampetra morii*

5(4)下唇板齿 6～7 枚 ·············· 日本七鳃鳗 *Lampetra japonica*

6(1)具口须,口呈裂缝状;眼埋皮下;鼻孔位前端 ·············· 盲鳗目 Myxiniformes

盲鳗科 Eptatretidae

7(8)外鳃孔 6 队,体茶褐色 ·············· 蒲氏粘盲鳗 *Eptatretus burgeri*

8(7)外鳃孔 8 队,体紫黑色 ·············· 紫色粘盲鳗 *Eptatretus okinoseanus*

2. 代表种的形态特征和生物学特性

(1)日本七鳃鳗(*L. Japonica* Martens,彩图 1):体呈圆柱形,尾部侧扁。头的两侧在眼睛之后各有一行分离的鳃孔(7 个),鳃孔与眼睛排成一直行,鼻孔单个,位于头背面两眼的中间;鼻孔后方有一个白色的皮斑。头前腹面有陷入呈漏斗状的吸盘,口在漏斗的底部。皮肤柔软光滑,无鳞,侧线不发达。无胸鳍和腹鳍。背鳍 2 个,其长约相等,后面的背鳍与尾鳍相连,鳍条软而细密。生活时背呈青色带绿,腹部灰白色略带淡黄,尾鳍及后背鳍的边缘黑色。为半寄生性,吸食血肉,不寄生时食浮游动物。生活于海内,在江河产卵。幼鱼在海里生长,成长后溯河至淡水产卵,有筑巢习性。产卵后亲体一般死亡。

(2)蒲氏粘盲鳗(*Eptatretus burgeri*,黑白图 1):体延长呈圆柱状,体后方侧扁。眼退化为皮肤所覆盖。无上、下颌。口腔外缘具 4 对须;口腔外侧左、右各有两列齿,其内列齿的 2～3 颗齿基部愈合,齿列式(6～8)3/2 (7～9)。鳃孔每侧 6 个,彼此间距大,呈纵线排列,左侧最后一个大于其余鳃孔。体侧各有一列黏液孔,依位置区分为鳃前区、鳃区、鳃肛区及肛后区等四区,黏液孔总数为 79～90。无鳞。肛门位于体后端。无背、臀、胸及腹鳍,仅有尾鳍。体色呈灰褐色,腹部淡灰色;背部中央有一白带,有白色斑点。寄生,分布于温带、亚热带海域。

(二)软骨鱼纲(Chondrichthyes)

全世界已知的现存种有 800 种,广泛分布于印度洋、太平洋和大西洋。多数种类生活在海洋中,个别种类生活于淡水。

我国的软骨鱼类共有 160 种,多数是肉食性,绝大多数种类属热带和亚热带性,缺乏寒带性种类。其中鲨类 97 种、鳐类 62 种、银鲛类 3 种,以南海种类最多,东海次之,黄、渤海最少。

1. 软骨鱼纲,亚纲、总目和目的检索表

检索表

1(24)鳃孔 6～7 个,无膜状鳃孔;上颌和头颅不愈合;雄性除鳍脚外,无腹鳍前鳍脚及额鳍脚

·············· 板鳃亚纲 Elasmobranchii

2(17)眼和鳃孔侧位,胸鳍前缘游离,与头侧不相连 ·············· 鲨形总目 Selacomorpha

(侧孔总目 Pleurotremata)

3(4)鳃孔 6～7 个;背鳍 1 个··············· 六鳃鲨目 Hexanchiformes

4(3)鳃孔 5 个;背鳍 2 个

5(12)具臀鳍

6(7)背鳍前方具 1 个硬棘 ·············· 虎鲨目 Heterontiformes

7(6)背鳍前方无硬棘;具吻软骨

8(11)眼无瞬膜或瞬褶

9(10)无鼻口沟,鼻孔不开口于口内··············· 鲭鲨目 Isuriformes

10(9)具鼻口沟或鼻孔开口于口内··············· 须鲨目 Orectolobiformes

11(8)眼具瞬膜或瞬褶 ·············· 真鲨目 Carcharhiniformes

12(5)无臀鳍

13(16)吻短或中长,不呈剑状突出;鳃孔 5 个

14(15)体亚圆筒形;胸鳍正常;背鳍一般具棘 ·············· 角鲨目 Squaliformes

15(14)体平扁,胸鳍扩大,向两侧延伸;背鳍无棘 ·············· 扁鲨目 Squatiniforme

16(13)吻很长,剑状突出,两侧具锯齿;鳃孔 5～6 个 锯鲨目 Pristiophoriformes

17(2)眼背位,鳃孔腹位,胸鳍前缘与体侧及头侧愈合 ·············· 鳐形总目 Batomorpha

(下孔总目 Hypotremata)

18(23)头侧与胸鳍间无大型发电器官

19(20)吻特别发达,作剑状突出,两侧具坚大吻齿 ·············· 锯鳐目 Pristiformes

20(19)吻正常,侧缘无坚大吻齿

21(22)尾部粗大,具尾鳍;背鳍 2 个,无尾刺 ·············· 鳐形目 Rajiformes

22(21)尾部一般细小呈鞭状,尾鳍一般退化或消失(若粗大则具尾鳍),背鳍 1 个或无;常具尾刺 ·············· 鲼形目 Myliobatiformes

23(18)头侧与胸鳍间具大型发电器官 ·············· 电鳐目 Torpediformes

24(1)鳃孔 1 个,外被 1 膜状鳃盖,成体光滑无鳞,上颌与头颅愈合,雄性具鳍脚 ·············· ·············· 全头亚纲 Holocephali

2.鲨形总目代表种的形态特征和生物学特性

(1)六鳃鲨目(Hexanchiformes)共 2 科,在我国有 1 科 3 属 4 种。鳃孔 6～7 对,背鳍 1 个,无棘,有臀鳍,吻软骨 1 根,眼无瞬膜或瞬褶;有喷水孔,脊椎分节不完全,椎体多少钙化,脊索部分或不缢缩,上颌以筛突和耳突接于头骨,不与舌颌软骨相连;卵胎生。

代表种:扁头哈那鲨(*Notorynchus platycephalus*,彩图 6),鳃孔 7 对,最后一个鳃孔位于胸鳍基底前方。背鳍 1 个,位于体后方。下颌每侧有牙 6 个,牙扁,呈梳状,有 5～6 齿尖。尾鳍很长大。为凶猛性中小型鲨鱼,一般体长 2～3

m。主要以鱼类为食,卵胎生。在我国,扁头哈那鲨产于东海和黄海。每年夏、秋两季出现于山东石岛外海。肉供食用,皮可制革,肝为提取鱼肝油原料。

(2)虎鲨目(Heterodontiformes):体粗大而短,头高近方形。吻短钝,眼小,椭圆形,上侧位。鼻孔具鼻口沟。口平横,上、下唇褶发达。喷水孔小,位于眼后下方。鳃孔5个。背鳍2个,各具1硬棘;具臀鳍;尾鳍宽短,帚形。胸鳍宽大。本目分1科1属8种。在我国,只产2种虎鲨,即宽纹虎鲨和狭纹虎鲨。

代表种:宽纹虎鲨(*Heterodontus zebra*,黑白图2),头大,略呈方形。鳃孔5个,最后4个鳃孔位于胸鳍基底上方。背鳍2个,各具一硬棘。体侧有横带多条,各带宽狭相间。胸鳍背面具宽带3条。暗色横纹少于20条。卵生。分布于太平洋西部。在我国,宽纹虎鲨产于南海和东海南部,为广东沿海一带习见种。

(3)鲭鲨目(Isuriformes):眼无瞬膜或瞬褶。背鳍2个,无硬棘;具臀鳍,鳃裂5个。胸鳍中鳍软骨不伸达鳍前缘,前鳍软骨具1至数个辐状鳍条。无鼻口沟,鼻孔不开口于口内。本目可分为4亚目4科,共有7属约14种。在我国,有4科5属约8种。

代表种:噬人鲨(*Carcharodon carcharias*,黑白图3),牙锐利,三角形,边缘具细锯齿。鳃孔5个,宽大,皆位于胸鳍前方。背鳍2个,第一背鳍大;第二背鳍小,其基底后端与臀鳍起点相对。尾柄扁,具侧突。尾基上、下方各有一凹沟。尾鳍宽短,叉形。性凶猛,游泳迅速。有袭击渔船和噬人的记录,因而得名。广泛分布于热带、亚热带和温带海洋。在我国南海和黄海曾有捕获。

(4)须鲨目(Orectolobiformes):眼小,无瞬膜或瞬褶。具口鼻沟,或鼻孔开口于口内。前鼻瓣常具一鼻须或喉部具1对皮须。最后2～4鳃裂位于基底上方。背鳍2个,第一背鳍与腹鳍相对或位于腹鳍之后,第二背鳍位于臀鳍前方或后方;若第二背鳍位于臀鳍上方,则第二背鳍和臀鳍都很小。卵胎生或胎生。

代表种:条纹斑竹鲨(*Chiloscyllium plagiosuin*,彩图5),头侧无皮瓣,前鼻瓣具鼻须,背上有一皮膜隆起的嵴,体具圆形或卵圆形白色或淡色斑点,背侧面具有12～13条暗色横纹;卵生。在我国,条纹斑竹鲨分布于南海、东海。

(5)真鲨目(Carcharhiniformes):眼有瞬膜或瞬褶;椎体具辐射状钙化区域,4个不钙化区域有钙化辐条侵入;肠的螺旋瓣呈螺旋形或画卷形。背鳍2个,无硬棘;具臀鳍;鳃裂5个;中鳍软骨不伸达胸鳍前缘,前鳍软骨具1至数个辐状鳍条;吻软骨3个。

代表种:

1)白斑星鲨(*Mustelus manadzo*,黑白图4),牙细小,平扁,铺石状排列。沿侧线及侧线上方有许多不规则白斑。背鳍2个,无硬棘。卵胎生。在我国,白斑星鲨产于东海北部、黄海和渤海,为我国黄海和渤海习见种。

2)阴影绒毛鲨(*Cephaloscyllium umbratile*,黑白图5),第一背鳍较大,起点与腹鳍基底后半部相对,下颌唇褶退化,胃能吸气膨胀,体黄褐色,体上具有斑点和暗色横纹,卵生。在我国,阴影绒毛鲨分布于南海及东海南部。

3)梅花鲨(*Halaelurus burgeri*,彩图2),体具黑色圆斑,似梅花状排列,下颌具唇褶,见于南海和东海南部。

4)皱唇鲨(*Triakis scyllium*,彩图3),牙细小,排列紧密,三齿头型。唇褶发达。喷水孔小,位于眼后。体侧有暗褐色横纹约13条。卵胎生。在我国,皱唇鲨产于东海、黄海和渤海。

5)尖头斜齿鲨(*Scoliodon sorrakowah*,彩图4),体呈纺锤形,躯干略修长。吻长而扁,牙侧扁,齿头外斜,无喷水孔,具瞬膜。体背侧灰褐色;腹侧白色。背及臀鳍具暗色缘,其他鳍淡褐色。在我国的南海和东海中部较常见。

6)路氏双髻鲨(*Sphyrna lewini*,黑白图6),体延长,侧扁而高,头前部扁,向两侧扩展,形成锤状突出;尾侧扁,尾基下方凹洼不显著。吻短而宽,前缘广弧形波曲。眼圆形,位于头两侧突出部的端面;瞬膜发达。鼻孔平扁,位于吻端,靠近外侧。喷水孔消失。鳃孔5个。背鳍2个,无硬棘,第一背鳍高大,帆形,第二背鳍小,起点与臀鳍基底前半部相对。尾鳍宽长,基部有缺刻,尾椎轴上翘,上叶见于尾端连接。臀鳍比第二背鳍稍大。腹鳍大于臀鳍,距第一背鳍比距第二背鳍稍近。背侧面灰褐色,腹面白色。为外海性大型凶猛鱼类。肝油为炼油的良好原料,在我国的沿海都有产。

(6)角鲨目(Squaliformes):体呈纺锤形或卵圆形,背鳍2个,多数各具1棘。鳃裂5对。无臀鳍。

代表种:长吻角鲨(*Squalus mitsukurii*,黑白图7),第一背鳍与第二背鳍各具一硬棘。上、下颌牙都为单齿头型,齿头低平外斜。吻较尖突,口前吻长大于口宽。卵胎生。在我国沿海较习见。

(7)锯鲨目(Pristiophoriformes):体纺锤形,头显著平扁,吻极为延长,呈剑状,两侧有齿状结构。腹面在鼻孔前方具1对皮须。背鳍2个,无棘,第一背鳍略在腹鳍之前,无臀鳍。

代表种:日本锯鲨(*Pristiophorus japonicus*),体延长,前部稍宽扁,后部稍侧扁。头的背面宽扁,腹面平坦,尾细长。吻平扁,很延长,突出呈剑状,边缘具锯齿;在吻的腹面具一对皮须;眼大上侧位,具一低平瞬褶,不能上闭。口宽大,浅弧形,上唇褶消失,下唇褶稍发达。喷水孔近三角形,位于眼后。鳃裂5个。背鳍2个,无硬棘。第一背鳍位于体腔后部上方,起点后于胸鳍里角上方;第二背鳍比第一背鳍稍小而同形。尾鳍狭长。腹鳍比第二背鳍小。胸鳍宽大。尾基上下方无凹洼,尾柄下侧具一皮褶。体灰褐色,腹面白色,各鳍后缘浅色;吻上具暗色纵纹2条。在我国沿海均有分布。

(8)扁鲨目(Squatiniformes):体平扁,吻短宽,口亚前位,眼位于背侧。胸鳍前缘显著向前伸出。鳃裂宽大,其下半部转入腹面。背鳍2个,无棘,无臀鳍。本目仅有扁鲨科(Squatinidae)扁鲨属(*Squatina*),我国有2种。

代表种:日本扁鲨(*S. japonica*,彩图7),体平扁,喷水孔间隔大于眼间隔,胸鳍前后方及背鳍基底无暗色斑块。卵胎生。在我国,黄、渤海及东海有产,以黄海最多,肉可食用。

3.鳐形总目代表种的形态特征和生物学特性

分类的主要外部特征为吻的变化、背鳍的变化、尾鳍变化、尾的粗细。

(1)锯鳐目(Pristiformes):头、体较扁平,吻特别发达,作剑状突出,侧缘具一行坚大吻齿。现有锯鳐科(Pristidae)锯鳐属(*Pristis*),世界上约6种,在我国仅有2种,如尖齿锯鳐(*Pristis cuspidatus* Latham)。

(2)鳐形目(Rajiformes):体平扁,体盘呈犁形或宽犁形或圆形,吻三角形突出或尖突或钝圆。背鳍2个,无硬棘。尾鳍发达或不甚发达或缺如。胸鳍扩大,向前延伸至头侧中部或吻端,形成中大或宽大的体盘。有2个亚目:犁头鳐亚目(Rhinobatoidei)和鳐亚目(Rajoidei)。前者腹鳍正常,前部不分化为足趾状构造;后者腹鳍前部分化为足趾状构造。

代表种:

1)斑纹犁头鳐(*Rhinobatos hynnicephalus*,黑白图8),体盘近于三角形,长度大于宽度。吻短,钝尖,吻长为体盘长的1/5~1/4。眼间隔窄,口裂长为鼻孔长度的1.6~1.8倍。胸鳍窄,腹鳍靠近胸鳍,尾纵扁,不具下叶。体表被小盾鳞,背部具棕色斑,腹部色淡。中国沿海均有分布。

2)中国团扇鳐(*Platyrhina sinensis*,黑白图9),体背部中央自头后至第二背鳍前方有一纵行结刺,每侧肩区有2对结刺。第一背鳍起点距腹鳍基底较距尾基为近。在我国,中国团扇鳐产于南海、东海、黄海和渤海,为我国沿海习见种。

(3)鲼目(Myliobatiformes):体平扁,盘形或菱形;头不突出,或在菱形之体的前角明显分出。背鳍无或仅有1个,腹鳍前部不分化为足趾状构造。本目在我国有 4 亚目 8 科。

代表种：

1）赤魟（*D. akajei*，黑白图 10），体盘宽为体盘长的 1.1～1.2 倍，尾细长如鞭，尾的上、下方均具皮膜，尾前部背面有锯齿状硬棘 1 枚，棘基部有毒腺；尾刺前方无宽大盾形结刺；口底有明显乳突 3 个；体背正中具 1 行结刺，在肩区两侧（鳃弓后方）各具 1～2 行结刺。卵胎生。在我国，赤魟分布于东海和南海。

2）聂氏无刺鲼（*Atomylaeus nichofii*，彩图 11），体背面光滑，有蓝色横纹五六条。牙平扁，多行，中央一行宽大。胸鳍与吻鳍在头侧分离。尾鞭状，无尾刺。背鳍起点与腹鳍基底终点相对。尾细长，约为体盘长的 3 倍。在我国，聂氏无刺鲼产于南海和东海南部，为广东沿海习见种。

（4）电鳐目（Torpediniformes）：体平扁，体盘圆或卵圆形，前部不尖。头与胸鳍之间每侧有一大发电器官。体的尾部短，基部宽，向后渐窄。背鳍 2 或 1 个或全无，尾鳍存在。本目在我国有 2 科。

代表种：黑斑双鳍电鳐（*Narcine maculata*，彩图 8），第一背鳍起点与腹鳍后端相对。体背面密布小斑点和大圆暗斑。腹鳍后缘不与尾部相连。暖水性种类，发电可以自卫或麻痹对方作食饵。分布于印度洋和太平洋西部。在我国，仅产于南海，为广东沿海习见种。

（三）全头亚纲（Holocephali）

鳃裂 4 对，外被一膜状假鳃盖，后具一总鳃孔。成鱼体光滑，无盾鳞，上颌与头颅愈合。无椎体，脊索不分节地缢缩。背鳍棘能竖立。无泄殖腔，肛门与泄殖孔分别开口于体外，现仅存银鲛目（Chimaeriformes）。

代表种：黑线银鲛（*Chimaera phantasma*，黑白图 11），体侧扁，向后细小。口腹位，上颌与脑颅愈合。外鳃孔 1 个，位于胸鳍基部前方。背鳍 2 个，以低膜相连；第一背鳍具一硬棘，后缘上部具锯齿；第二背鳍低平，与尾鳍上叶以凹刻相隔。胸鳍宽大。尾鳍鞭状。无泄殖腔。雄鱼除鳍脚外，具 1 对腹前鳍脚和 1 个额鳍脚。黄海以春、冬两季产量较多，为我国沿海习见种。

（四）硬骨鱼纲（Osteichthyes）

硬骨鱼纲分两个亚纲：内鼻孔（肉鳍）亚纲和辐鳍亚纲，在我国只有辐鳍亚纲鱼类，分 8 个总目 28 目。

1. 辐鳍亚纲（Actinopterygii）部分目的检索表

检索表

1(2)体一般被骨板或裸露；尾为歪型尾………………………… 鲟形目 Acipenseriformes

2(1)体被圆鳞或栉鳞;尾一般为正型尾

3(4)颈部一般有喉板 ··· 海鲢目 Elopiformes

4(3)颏部无喉板

5(8)无脂鳍

6(7)体被圆鳞或栉鳞;有侧线;无辅上颌骨 ····················· 鼠鱚目 Gonorhynchiformes

7(6)体被圆鳞;无侧线;有辅上颌骨 ································· 鲱形目 Clupeiformes

8(5)一般有脂鳍

9(10)无发光器;上颌口缘由前颌骨与上颌骨组成 ············· 鲑形目 Salmoniformes

10(9)具发光器;上颌口缘一般由前颌骨组成 ··················· 灯笼鱼目 Myctophiformes

2.各目的代表种类和生物学特性

(1)鲟形目(Acipenseridae):体常被 5 行骨板,有时裸出,只尾鳍上缘具棘状鳞。骨骼为软骨,有几处骨化。歪型尾。有 2 科,即鲟科(Acipenseridae)和匙吻鲟科(Polyodontidae)。

鲟科代表种:中华鲟(*Acipenser sinensis* Gray,黑白图 12),身体长梭形,吻部犁状,基部宽厚,吻端尖,略向上翘。口下位,成一横列,口的前方长有短须。眼细小,眼后头部两侧,各有一个新月形喷水孔,全身披有棱状骨板 5 行。尾鳍歪形,上叶特别发达。分布于我国沿海和长江、钱塘江、珠江等,为洄游性鱼类,性成熟个体溯河到江河上游产卵,生殖期在 10 月至 11 月上旬,是大型经济鱼类。

(2)海鲢目(Elopiformes):构造原始,有些具动脉圆锥,颏部常具喉板;鳔多孔状,有侧线;背鳍 1 个,偶鳍基部有腋鳞,腹鳍腹位,具鳍条 10~18 枚。本目分为海鲢亚目和北梭鱼亚目两个亚目,每个亚目 2 科,共 4 科,在我国只有 3 科,即海鲢科(Elopidae)、大海鲢科(Megalopidae)和北梭鱼科(Albulidae)。

北梭鱼科代表种:北梭鱼(*Albwla vulpes*,彩图 12),体呈梭形,头大无鳞,脂眼睑发达。口中大,上颌长于下颌。体背部呈青褐色,腹部银白,体侧具有多列不明显的灰色纵纹。侧线平直。各鳍皆为黄色,腹鳍腹位,尾鳍叉形。分布于南海近海。

海鲢科代表种:海鲢(*Elops saurus*,彩图 13),体长,呈棒状。头略长,腹面有一喉板。眼大。脂眼睑宽。口前位。上、下颌等长。鳃孔大,假鳃发达。鳃盖膜不与鳃峡相连。体被小圆鳞。侧线鳞 97~107 根。背鳍条 20~23 根;臀鳍条 14~16 根;尾鳍深分叉。体背深绿色,体侧和腹部白色;各鳍淡黄色;背鳍和尾鳍的边缘为黑色;胸鳍末端有许多黑色小斑点。在我国,分布于南海和东海。

(3)鼠鱚目(Gonorhynchiformes):各鳍无棘,背鳍 1 个,偶鳍基部有明显的腋鳞,腹鳍腹位,具 9～12 枚鳍条;有侧线;圆鳞或栉鳞;口小,腹位,无齿或近无齿;鳃条骨 3～4 对,多数有鳃上器官。3 亚目 4 科,在我国有 2 亚目 2 科,即鼠 **鱚**科(Gonorhynchidae)、遮目鱼科(Chanidae)。

代表种:遮目鱼(*Chanos chanos*,黑白图 13),体延长形,稍侧扁。头前部稍平扁,近似纺锤状。眼大,脂眼睑发达,眼被完全遮盖,故名"遮目鱼"。口小,吻钝圆,上颌正中具一凹陷,下颌缝合处有一凸起,上、下颌的凹凸相嵌。两颌无牙。体被小圆鳞,头部无鳞。侧线发达。背部青灰色,腹部银白色。背鳍位于腹鳍前上方,基部有鳞鞘;胸鳍及腹鳍基部具一尖长腋鳞;尾鳍深叉形,上、下叶均尖长。在我国,遮目鱼分布于台湾、福建、广东、海南沿海和南海诸岛。肉味鲜美,经济价值较大。

(4)鲱形目(Clupeiformws):鳍无基,背鳍 1 个,无脂鳍,腹鳍腹尾;有些种类偶鳍基部有腋鳞,被圆鳞;口列上缘由前颌骨鱼上颌骨共同组成;正尾形,有肌间骨,有上枕骨和梨骨,鳔有鳔管。与鼠**鱚**目对应,无侧线,有辅上颌骨。为真骨鱼类中较为原始的类群,分布广泛,海、淡水均有。世界有 2 亚目 4 科 330 种,我国有 1 亚目 3 科 18 属 40 余种。分类特征:背鳍位置、上颌骨的长度、鳃盖膜相连与否。

鲱形目各科的检索表

1(4)背鳍通常位于臀鳍的前方
2(3)口裂达于眼的前方或下方;鳃盖膜彼此不相连 ························ 鲱科 Clupeidae
3(2)口裂达于眼的后方;鳃盖膜彼此微相连 ························ 鳀科 Engraulidae
4(1)背鳍与臀鳍相对 ························ 宝刀鱼科 Chirocentridae

A. 鲱科各亚科的代表种

鲱亚科代表种:1)太平洋鲱(*Clupea pallasi*,黑白图 14),体延长而侧扁,眼有脂膜,口小而斜,侧上位,两颌、犁骨与舌上均有细牙,体被薄圆鳞,鳞片较大。排列稀疏,容易脱落。腹部钝圆,无侧线。腹缘有弱小棱鳞。背鳍始于腹鳍的前方,尾鳍深叉形。背侧为蓝黑色,腹部为银白色。在我国,太平洋鲱只产于黄海和渤海。

2)青鳞鱼(*Harengula zunasi*,黑白图 15),上颌骨中间无凹陷。体很侧扁。头小,吻短。体被薄圆鳞。无侧线。腹缘有锯齿状棱鳞 32 个。在我国,青鳞鱼产于东海、黄海和渤海,为黄海和渤海习见种。

鲥亚科代表种:鲥鱼(*Macrura reevesii*,黑白图 16),前颌骨中央有一显著凹陷。两颌无牙。鳃耙细长而密。体被薄圆鳞,无侧线,纵列鳞 43～46 个。腹部具强锐棱鳞 19～22 个。在我国,分布于南海和东海,繁殖季节溯河进入长江、钱塘江和珠江。

鰶亚科代表种:斑鰶(*Clupanodon punctatus*,彩图 14),背鳍最后一鳍条延长为丝状。上颌中间缺刻不明显。体被圆鳞,无侧线,腹部具棱鳞 32～36 个。鳃盖后上方有一明显的黑斑。在我国的南海、东海、黄海与渤海均产,为我国沿海一带习见种。

鳓亚科代表种:鳓鱼(*Ilisha elongata*,彩图 15),体被薄圆鳞,无侧线,腹部有锯齿状棱鳞 36～42 个,背鳍短,臀鳍基底长约为背鳍基底长的 3 倍,腹鳍很小,为我国海洋主要经济鱼类之一。在我国的南海、东海、黄海和渤海均产。

B. 鳀科代表种

1)日本鳀(*Engraulis japonicus* Temminck et Schlegel,彩图 16),口大,下位。吻钝圆,下颌短于上颌。体被薄圆鳞,极易脱落。无侧线。腹部圆,无梭鳞。尾鳍叉形。背部青蓝色,体侧白色。温水性,趋光性较强。个体较小,生活于浅海中上层,为小型经济鱼类。在我国,广泛分布于东海、黄海和渤海。

2)刀鲚(*Coilia ectenes* Jordan et Scale,彩图 17),胸鳍上部有丝状游离鳍条 6 条,臀鳍鳍条 95～123 条。体被圆鳞,无侧线,纵列鳞 70～82 个。脊椎骨 76～77 个。分布于北太平洋西部。在我国刀鲚产于东海、黄海和渤海。

3)黄鲫(*Setipinna taty*,彩图 18),胸鳍上部第一鳍条延长为丝状。腹缘棱鳞 25～29 个。体被薄圆鳞,无侧线。臀鳍基底长,有 50～57 鳍条。暖水性中下层鱼类。为我国沿海习见种。

C. 宝刀鱼科代表种

宝刀鱼(*Chirocentrus dorab*,黑白图 17),体长,甚侧扁。口裂倾斜,上颌骨伸不达前鳃盖骨,上颌中央有两犬牙,侧牙细小;下颌具强大犬牙。体被细小圆鳞,极易脱落。背鳍位于体后方与臀鳍起点相对,胸鳍位低,腹鳍很小。鳃耙少,侧扁,具细锯齿。在我国,宝刀鱼仅见于南海,为广东沿海一带习见种。

(5)鲑形目(Salmoniformes):体被栉鳞、圆鳞或裸露;尾一般为正型尾;鳃存在时具鳔管;前部脊椎骨不形成韦伯氏器;体不呈鳗形;各鳍无棘,被鳍 1 个,常有脂鳍,腹鳍腹位,有些种类偶鳍基部有腋鳞;有侧线,上颌口缘常由前颌骨与上颌骨组成。海水、淡水均有分布,一些种类溯河回游。世界有 4 亚目 15 科 90 属 320 种。

鲑形目亚目和科的检索表

1(10)具脂鳍

2(5)最后脊椎骨向上弯 ·· 鲑亚目 Salmonoidei

3(4)背鳍甚短,鳍条不多于16,上缘不凸 ·················· 鲑科 Salmonidae

4(3)背鳍甚长,鳍条不少于17,上缘圆凸 ·················· 茴鱼科 Thymallidae

5(2)最后脊椎骨正常 ······································ 胡瓜鱼亚目 Osmeroidei

6(9)头侧扁;体具鳞,不透明

7(8)口底黏膜呈1对大褶膜;鳞细小 ················ 香鱼科 Plecoglossidae

8(7)口底黏膜不呈1对大褶膜;鳞较大 ················ 胡瓜鱼科 Osmeridae

9(6)头平扁;体裸露(雄鱼具臀鳞),半透明 ············· 银鱼科 Salangidae

10(1)无脂鳍 ··············· 狗鱼亚目 Esocoidei 狗鱼科 Esocidae

A. **鲑亚目鲑科代表种**

1)大马哈鱼(*Oncorhynchus keta*,彩图19),鱼体呈纺锤形,口在端位,口裂很大,上颌骨延长到眼的后缘,斜向下方。上、下颌各有一列齿,齿尖向内弯斜。鳃耙22～24个,幽门盲囊152～179个,侧线鳞140～142枚。

2)虹鳟(*Salmo gairdneri*,彩图20),体长,扁纺锤形。头小,吻圆钝。口端位,口大上斜,颌齿发达。眼略小,位体轴上方。背鳍基短,后有一小脂鳍。尾鳍宽而短,分叉不深。圆鳞细小。侧线完全。背部、头部呈苍青色或黄绿色,腹部灰白色,两侧银白色,头、背、体侧及背、胸、尾鳍布有黑色小斑点。性成熟的鱼体在体侧中央沿侧线部有一条棕红色似彩虹的纵条纹。

3)乌苏里白鲑(*C. ussuriensis*,彩图21),体侧扁,体高大于头长。吻短,略与眼径相等。口端位,口裂小,上颌骨宽大。侧线居于体中轴线,较平直。各鳍均小,有脂鳍,尾鳍叉形。背部灰绿色,体侧和腹部银白色,背鳍、脂鳍和尾鳍稍带浅黄色,其他各鳍灰白色。乌苏里白鲑为黑龙江省的特产经济鱼类。乌苏里江分布最多,其次是黑龙江、松花江和兴凯湖等水域。

B. **胡瓜鱼亚目香鱼科代表种**

香鱼(*Plecoglossus altivelis*,黑白图18),吻前端向下弯曲成钩状突起;口大,上、下颌有宽扁的齿,口底有大的褶膜;体被小圆鳞;脂鳍小;体带黄色,胸鳍上方有一个鲜黄色斑点。在我国,从辽宁一直到福建、台湾沿海、广西钦州至北仑河都有分布。

C. **胡瓜鱼亚目银鱼科代表种**

大银鱼(*P. hyalocranius*,彩图22),前颌骨和上颌骨各有齿1行,腭骨齿2行,下颌齿和舌齿各有2行。为生活于河口及近海的洄游性鱼类,肉食性。在我国,分布于黄海、渤海、东海及入海的江河中,长江中下游及其附属湖泊中均有分布。

(6)灯笼鱼目(Myctophiformes):口大。上颌口缘仅由前颌骨组成。腹鳍条6~13根,通常腹位,有时位于胸鳍的下方。通常有脂鳍。多数种类有发光器官。鳔若存在必有管。为海洋鱼类,大多栖息于浅海中下层,部分生活在深海底层。在我国,以南海种类居多。在我国,现知有2亚目13科66种。本目种类不少,但真正具有经济价值的种不多。

A. 狗母鱼科代表种

1)大头狗母鱼(*Trachinoce-Phalus myops*,彩图25),体圆柱形,尾柄侧扁。吻短钝,口大,口裂下斜至眼后方。背鳍位于腹鳍基的后上方,后方具一脂鳍。腹鳍前腹位远大于胸鳍,尾鳍叉形,体背侧呈紫灰色,体侧有13条灰色纵纹和3条黄色纵纹相间排列,主要分布于东海、南海和台湾海域。

2)长蛇鲻(*Saurida elongate*,彩图23),口大。两颌具多行细牙,腭骨及舌上亦具细牙。圆鳞较小。侧线鳞55~70个。胸鳍小,伸不到腹鳍基底。在我国南海、东海、黄海与渤海均产,为我国沿海习见经济鱼类之一。

B. 龙头鱼科代表种

龙头鱼(*Harpodon nehereus*,彩图24),眼很小,前位。口大。两颌牙密生,细尖,能倒伏。体柔软,大部光滑无鳞。体侧有一行较大鳞。脂鳍小。为暖水性近海鱼类。在我国沿海皆有分布,以浙江舟山一带产量最大。

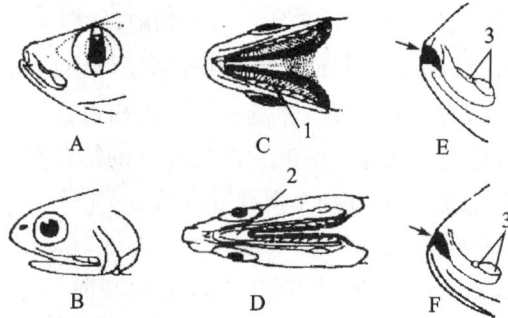

1. 鳃条骨;2. 鳃膜;3. 辅上颌骨

A. 鲱科,口裂不超过眼;C. 鲱科,鳃膜与峡部不连;E. 鲱亚科,示上颌无缺刻;

B. 鳀科,口裂超过眼;D. 鳀科,鳃膜与峡部相连;F. 鲥亚科,示上颌有缺刻

图 2-2-1 鲱形目的一些分类特征

四、实验报告及思考题

(1)根据实验观察,选择 10 种鱼简要描述其分类特征,并根据分类地位列出检索表。

(2)为什么鲨形总目又叫侧孔总目,其中各目的分类依据有哪些?

(3)对照图 2-2-1,认真观察鱼类标本,比较鲱形目各科鱼类的分类依据,绘图并简要说明各自的主要分类特征。

(4)简要说明鱼体的腹棱鳞、侧棱鳞、脂鳍、口腔乳突的位置与结构。

实验三　鱼类的分类检索(二)
——鳗鲡目、鲤形目和鲇形目的分类

一、实验目的

通过观察各种鱼的实物标本与多媒体电子图片,掌握鳗鲡目和鲤形目分类的形态特征及分类依据,熟练掌握分类检索表的使用方法,为将来从事鱼类研究和鱼类养殖打下基础。

二、实验材料与器材

1.实验材料

鳗鲡目和鲤形目的常见经济鱼标本或鲜活鱼。

2.器材

解剖盘、镊子、解剖镜、显微镜、量鱼板等。

三、观察内容

对所给实验鱼标本进行详细观察,并根据体形、鳍的形态结构、鳞片结构、脂鳍、须、腹棱等形态结构特征对照参考图和检索表进行分类。

(一)各目的形态特征检索表

检索表

1(3)体呈鳗形

2(4)无须;无脂鳍;前部脊椎骨不形成韦伯氏器 ……………………… 鳗鲡目 Anguilliformes

3(1)体不呈鳗形;被鳞;无脂鳍;前部脊椎骨形成韦伯氏器………… 鲤形目 Cyprimiformes

4(2)须1~4对;多数体裸露无鳞;通常具脂鳍 ……………………… 鲇形目 Silurformes

1.鳗鲡目

(1)鳗鲡目科的检索表:

检索表

1(2)体被鳞,排列呈席纹状 ……………………………………………… 鳗鲡科 Anguillida

2(1)体无鳞

3(22)具尾鳍,且与背、臀鳍连续

4(21)后鼻孔位于眼前方吻侧

5(16)肛门至鳃孔的距离大于头长

6(7)舌宽阔,游离 ·· 康吉鳗科 Congridae

7(6)舌附于口底

8(11)吻特别延长,呈喙状

9(10)具胸鳍,尾不呈丝状延长 ································· 海鳗科 Muraenesocidae

10(9)无胸鳍,尾呈丝状延长 ································· 鸭嘴鳗科 Nettastomidae

11(8)吻不特别延长

12(13)体无侧线,具可倒性齿,无胸鳍,体色多样化 ············ 海鳝科 Muraenidae

13(12)体具侧线;无可倒性齿;具胸鳍

14(15)尾部长于头与躯干部合长;胸鳍不发达 ············ 新鳗科 Neenchelyidae

15(14)尾部长于头与躯干部合长;胸鳍退化或呈瓣膜状 ······· 蚓鳗科 Moringuidae

16(5)肛门至鳃孔的距离短于头长;胸鳍发达

17(20)前后鼻孔密接,位近眼前缘;体延长,纤弱;尾呈丝状延长;吻延长或弯曲;齿细小,密接。

18(19)肛门紧位于胸鳍下方;背鳍始于胸鳍之前;犁骨齿细尖,向后弯曲

　　　 ··· 线鳗科 Nemichthyidae

19(18)肛门远位于胸鳍后方;背鳍始于胸鳍之后;犁骨齿呈锯齿形

　　　 ··· 锯犁鳗科 Serrivomeridae

20(17)前后鼻孔分离,前鼻孔近吻端,后鼻孔近眼前缘;体略粗壮,吻不延长

　　　 ··· 前肛鳗科 Dysommidae

21(4)后鼻孔位于上唇边缘 ································ 蠕鳗科 Echelidae

22(3)无尾鳍,背、臀鳍止于尾端前方,尾端尖秃 ············ 蛇鳗科 Ophichthyidae

(2)鳗鲡目、科代表种的形态特征与生物学特性:

鳗鲡目:体呈鳗形;腹鳍若有时(化石)腹位。鳔若有时,具鳔管。各鳍均无鳍棘。体裸露,有时有圆鳞。无中乌喙骨。无后颞颥骨。前颌骨不分离,多与中筛骨愈合,形成上颌的前缘。上颌通常具齿。脊椎数多,可多达 260 个。

1)鳗鲡科代表种:鳗鲡(*Anguilla japonica*,黑白图 19),两颌及犁骨皆具细齿。侧线完整。体无斑点。有胸鳍。背鳍、臀鳍与尾鳍相连。在我国,鳗鲡产于东海、黄海及江湖中。

2)康吉鳗科代表种:星康吉鳗(*Conger myriaster*,彩图 27),舌宽,前端能活动。两颌牙细小,每侧 2 行,犁骨牙丛状。侧线完全,侧线和体的感觉孔呈白色

点。栖息于近海。在我国，星康吉鳗产于东海和黄海，为我国北部海域习见种。

3)海鳗科代表种:海鳗(*Muraenesox cinereus*,彩图 26),头长,吻突出,上颌较长,齿尖锐,两颌或犁骨部中间具有大型犬齿。鳃孔宽大。舌较窄小,附于口底。背鳍、臀鳍、尾鳍发达,相互连接。胸鳍发达。两颌牙强大,每侧牙均为 3 行。下颌第一行牙不向外倾斜;犁骨牙 3 行。体无鳞,有胸鳍。凶猛性底层鱼类,游泳迅速。在我国的南海、东海、黄海和渤海均产,为我国沿海习见经济种类。

4)海鳝科代表种:网纹裸胸鳝(*Gymnothorax reticularis*,彩图 28),无胸鳍,背鳍、臀鳍与尾鳍连接,被有厚的皮膜。两颌与犁骨牙皆为 1 行。体侧暗色横带 18~22 条。栖息于近岸浅海。在我国南海、东海和黄海南部均产,为我国海鳝类中的习见种。

2.鲤形目

体被圆鳞或裸露,侧线完全。上颌骨发达,有顶骨、续骨、下鳃盖骨及肌间骨。上颌口缘由前颌骨和上颌骨组成,或仅由前颌骨组成。上下颌一般无齿,下咽骨有咽齿。第三椎骨不与第四椎骨愈合。本目分 3 个亚目,即脂鲤亚目(Characoidei)、裸背亚目(Gymnotoidei)和鲤亚目(Cyprinoidei),但是,纳尔逊的分类系统将上述 3 个亚目上升为 3 个目。鲤形目中包括 6 个科。在我国现记录中鲤形目有 600 种左右,分布于 6 个科,均为淡水鱼。

检索表

1(8)口前吻部无须或仅具 1 对须

2(7)偶鳍前部仅有 1 根不分支鳍条

3(4)无咽齿,头侧有 2 对鳃孔 ………………………………… 双孔鱼科 Gyrinocheilidae

4(3)有咽齿,头侧有 1 对鳃孔

5(6)咽齿 1 行,数目多达数十个,背鳍基底很长,分支鳍条 50 以上

………………………………………………………………………………… 胭脂鱼科 Catostomidae

6(5)咽齿 1~4 行,每行数目不超过 7 个,背鳍分支鳍条 30 以下 ……… 鲤科 Cyprinidae

7(2)偶鳍前部有 2 根以上不分支鳍条 ……………………………… 裸吻鱼科 Pailorhynchidae

8(1)口前部有 2 对或更多对吻须

9(10)头部和身体前部侧扁或圆桶形,偶鳍不扩大,位置正常 …………… 鳅科 Cobitidae

10(9)头部和身体前部平扁,偶鳍扩大,并向腹面两侧平展……… 平鳍鳅科 Homalopteridae

(1)胭脂鱼科代表种的形态特征与生物学特性

胭脂鱼科代表种:胭脂鱼(*Myxocyprinus asiaticus*(Bleeker),黑白图 20),背鳍基底很长,鳍条数 3~4,50~57。咽齿 1 行,数目很多,有 40 以上。体侧有

3条黑褐色横斑,横贯眼球有1条黑褐色斑。在我国,分布于长江的干支流及其附属湖泊和闽江中、上游,以长江上游数量最多。

(2)鲤科的分类特征与检索表:上颌口缘仅由前颌骨组成。部分有须1~2对,有咽齿1~3行,每行不超过7枚。该科属种极多,分布面很广。在我国,现知有400余种,隶属于12个亚科。

A.鲤科检索表

检索表

1(22)鳃上方没有螺形的咽上器;眼位于头纵轴的上方;左右鳃膜各与峡部相连

2(21)口部有须2对、1对或完全没有

3(20)臀鳍无硬刺,如果有,则背鳍硬刺的后缘光滑无锯齿

4(19)臀鳍基部和肛门两侧不具大型鳞片的行列

5(14)臀鳍分支鳍条通常在7根以上,如仅有5~6根,则背鳍起点位于腹鳍起点之后

6(13)臀鳍起点位置通常在背鳍基部之后,如位置在背鳍基部之下,则咽齿为2或3行;雌鱼不具产卵管;腹棱有或无;咽齿1~3行;体通常细长

7(12)下颌无锋利的角质;咽齿主要的一行是4~5枚

8(11)通常无腹棱,少数种类具腹棱;侧线不完全或贯穿尾柄的下方;背鳍绪无硬刺

9(10)第5眶下骨与眶上骨相接触;下颌前端具突起与上颌的凹口相嵌,如下颌无突起,则背鳍起点位于腹鳍起点以后,且侧线鳞少于40 ·········· **鮈亚科**

10(9)第5眶下骨不与眶上骨相连;下颌前端无突起;背鳍起点一般与腹鳍的起点相对,如背鳍较后,则有50以上的侧线鳞 ·········· 雅罗鱼亚科

11(8)具腹棱;侧线完全,贯穿尾柄的中部;背鳍多数具硬棘 ·········· 鲌亚科

12(7)下颌前缘具锋利的角质;咽齿主行是6~7枚(极少数是5枚);背鳍具有硬刺;腹鳍以后的腹部具有不同发达程度的腹棱(个别的无腹棱);无须 ·········· 鲴亚科

13(6)臀鳍起点位置在背鳍基部之下;雌鱼具有细长的产卵管;腹棱缺乏;咽齿1行;体通常较短,呈卵圆形 ·········· 鳑鲏亚科

14(5)臀鳍分支鳍条通常在6根以下,如多达7~10根,则口部具须,且背鳍前有平卧的倒刺

15(18)臀鳍分支鳍条一般为5根(极少数为6根以上);鳞片基部具放射肋,背鳍不分支鳍条4以上

16(17)上唇紧包在上和的外表,无口前室;通常背鳍具有硬刺 ·········· 鲃亚科

17(16)上唇通常与上颌分离,或上唇消失,吻皮发达形成口前室,个别属无口前室,则有游离的下唇与下颌分离 ·········· 野鲮亚科

18(15)臀鳍分支鳍条一般为6根(少数为5根);鳞片基部无放射肋;背鳍不分支鳍条为3根 ·········· **鲍亚科**

19(4)臀鳍基部和肛门两侧各具有一系列较大型的臀鳞,肛门前一段无鳞部分夹在两列鳞片之中 ·········· 裂腹鱼亚科

20(3)臀鳍和背鳍皆具有后缘带锯齿的硬刺(个别的臀鳍硬刺无锯齿);臀鳍分支鳍条通常为
　　　5根(个别的为6～7根) ·· 鲤亚科

21(2)口须4对,个别3对,在口角处1对,颏部3对个别2对 ·················· 鳅鮀亚科

22(1)鳃的上方具有呈螺新的咽上器,眼稍偏于头纵轴的下方,左右鳃膜彼此连接而不与峡部
　　　相连;无口须 ·· 鲢亚科

　　　B. 鲤科常见亚科代表种

　　　a. 鲌亚科(Danioninae):本亚科在我国约产13属28种,许多种类分布于西
南地区,常见的有3属,检索如下:

检索表

1(4)下颌前端正中有一突起,与上颌凹陷相吻合;侧线完全

2(3)口裂较小,上下颌侧缘较平直 ······································· 鱲属 Zacco

3(2)口裂较大,上下颌侧缘凹凸相嵌 ··························· 马口鱼属 Opsariichthys

4(1)上、下颌前端无相吻合的凸起和凹陷;侧线不完全或无 ·········· 细鲫属 Aphyocypris

　　　代表种:马口鱼(O. bidens,彩图29),背鳍3,7～8;臀鳍3,7～8。口大,前
位,口裂向后伸达眼中部下方。雄鱼臀鳍1～4根分支鳍条特别延长,伸达或超
过尾鳍基,鳍膜边缘有缺刻。体侧有10余条垂直条纹。在我国南北各水系及附
属水体均有分布,特别是江河上游,天然产量多,为常见的小型食用鱼类。

　　　b. 雅罗鱼亚科(Leuciscinae),现知在我国产14属24种。常见9属,检索如
下:

检索表

1(4)有须1～2对

2(3)须1对;尾鳍平截或微凹,咽齿1行 ······························· 丁(鱼岁)属 Tinca

3(2)须2对;尾鳍叉形,咽齿3行,眼上有一红斑 ················ 赤眼鳟属 Squaliobarbus

4(1)无须

5(6)体侧有暗色斑点或黑色纵条,鳞片周围有发达的放射肋 ············· (鱼岁)属 Phoxinus

6(5)体侧无暗色斑点或黑色纵条,鳞片的侧部无放射肋 ············· 雅罗鱼属 Leuciscus

7(8)头前部延长略呈鸭嘴形,侧线鳞140以上 ······················· 鳡属 Luciobrama

8(7)头前部不呈鸭嘴形,侧线鳞125以下

9(10)咽齿1行,呈臼齿形,偶鳍青黑色 ······················· 青鱼属 Mylopharyngodon

10(9)咽齿2行,呈栉齿形,偶鳍灰黄色 ······················· 草鱼属 Ctenopharyngodon

11(12)头尖,椎形,下颌前端有1突起与上颌凹陷相嵌 ················ 鳡属 Elopichthys

12(11)头不尖,下颌前端无突起,侧线鳞66～75 ······················· 鳍属 Ochetobius

　　　代表种:

青鱼(*M. piceus*(Rich.),彩图 30),背鳍 3,7～8;臀鳍 3,8～9。侧线鳞 39～46。上颌略长于下颌。咽齿 1 行,4/5,臼状。鱼体和各鳍青黑色或灰黑色,背部较深,腹部较浅。以软体动物如蚌、蚬、螺蛳等为主要食物,也食虾类、昆虫幼虫。在我国南北各大水系均有分布,但主要分布在长江以南的平原地区。

草鱼(*C. idellus* Cuvier et Val.,彩图 31),鳞片较大,侧线鳞 39～46。每一鳞片有黑色边缘,使全体构成网状。口前位。无须。吻短而圆钝。头顶颇宽。咽齿 2 行,一般为 2,5/4,2,侧扁,梳状,齿面狭凹,中有一沟,两侧有许多锯齿状缺刻。体背部青褐带黄色,腹部灰白色。胸鳍和腹鳍灰黄色,其余各鳍均为淡灰色。为草食性鱼类。在我国,分布广,南自珠江流域,北至黑龙江流域。

丁(鲅)(*T. tinca* (Linnaeus),彩图 32),背鳍 3,8～9;臀鳍 3,7～8。鳞细小,排列紧密,侧线鳞 86～106。口前位,有短的口角须 1 对。咽齿 1 行,4/5、5/5 或 5/4,顶端略呈钩状。体青黑色,各鳍灰黑色。尾鳍后缘平截或微凹。为底栖鱼类。为额尔齐斯河和乌伦古河的主要经济鱼类之一。

赤眼鳟(*S. curriculus* (Richardson),彩图 33),背鳍 3,7;臀鳍 3,7～8。侧线鳞 41～50。口前位。有 2 对极细小的须,其中 1 对为短小的颌须和 1 对微小的吻须。咽齿 3 行,顶端稍呈钩状。生活时,眼上缘各具一块红斑。体侧及背部鳞片基部均有一黑色斑块,组成鱼体网状斑纹。在我国,分布广泛,除西部高原地区外,从南到北大小江河、湖泊中都产。

鳡鱼(*E. bambusa* (Richardson),黑白图 21),背鳍 3,9～10,其起点位于腹鳍之后,臀鳍 3,10～11。鳞小,侧线鳞 104～125。头长而前端尖。吻长远超过吻宽。口前位,口裂伸达眼中部下方。下颌前端有一坚硬的骨质突起,与上颌的凹入处相吻合。咽齿 3 行。尾鳍分叉很深。在我国,除西北和西南地区之外,自北至南平原地区各水系均有分布。

c. 鲌亚科(Culterinae):产于我国的有 16 属 55 种及亚种,比较常见的属检索如下:

检索表

1(2)胸鳍基部腋鳞发达,等于或大于眼径 ………………………………… 飘鱼属 Pseudolaubuca

2(1)胸鳍基部腋鳞甚小,呈乳突状

3(14)鳔 2 室

4(11)腹棱存在于腹鳍与臀鳍之间

5(8)侧线在胸鳍上方和缓向下弯折,一般位于体的下半部或近中部

6(7)背鳍无硬刺;臀鳍分支鳍条 14～16 ……………………………… 细鳊属 Rasborinus

7(6)背鳍具硬刺;臀鳍分支鳍条 17～26 ……………………………… 华鳊属 Sinibrama

8(5)侧线在胸鳍上方急剧向下弯折

9(10)鳔后室末端圆形;第三四眶下骨等大 ························· 白鱼属 Anabarilus

10(9)鳔后室末端具小乳突;第三眶下骨大于第四眶下 ········· 骨拟餐属 Pseudohemiculter

11(4)腹棱存在于胸鳍与臀鳍之间

12(13)咽齿 2 行;背鳍最后 1 根硬刺后缘具锯齿 ··············· 似鱼乔属 Toxabramis

13(12)咽齿 3 行;背鳍最后 1 根硬刺后缘光滑 ··················· 餐属 Hemiculter

14(3)鳔 3 室

15(18)体较低,体长为体高的 3.5 倍以上;肠短,其长等于或稍大于体长

16(17)腹棱位于胸鳍与臀鳍之间;口上位 ······················· 鲌属 Culter

17(16)腹棱位于腹鳍与臀鳍之间;口亚上位 ··················· 红鲌属 Erythroculter

18(15)体高,略呈菱形,体长为体高的 3.5 倍以下;肠长,为体长的 2 倍以上

19(20)腹棱自雄鳍至肛门 ····································· 鳊属 Parabramis

20(19)腹棱自腹鳍至肛门 ····································· 鲂属 Megalobrama

代表种:

红鳍鲌(C. erythropterus Basilewsky,黑白图 22),背鳍 3,7;具有光滑的硬刺。臀鳍 3,24～29;无硬刺。胸鳍 1,14～16;基部腋鳞甚小,呈乳突状。侧线鳞 59～69。有腹棱,口上位,口裂几乎与体纵轴垂直。咽齿 3 行。鳔 3 室。头部平直。体较低,体长为体高的 3.6～4.7 倍。背鳍短小,具粗壮的硬棘。胸鳍末端接近腹鳍。尾柄较长。尾鳍深叉形。背部青绿,微带黄色,体侧及腹部银白色,体侧上半部鳞片后缘有小黑斑。尾鳍、胸鳍呈浅黄红色,臀鳍橘红色。在我国,分布极广,各主要水系均产。

翘嘴红鲌(E. ilishaeformis (Bleeker),黑白图 23),背鳍 3,7;具强大而光滑的硬刺。头背面几乎平直,头后背部略隆起。口上位,垂裂,下颌急剧向上翘,突出于上颌前缘。咽齿 3,2、4、5/5、4、2,齿端呈钩状。为生活在流水及大型水体的中、上层凶猛肉食性鱼类。为我国东部平原地区天然水域大型经济鱼类之一。

鳊鱼(Parabramis pekinensis,黑白图 24),体侧扁,略呈菱形,自胸基部下方至肛门间有一明显的皮质腹棱;头很小、口小,端位,口裂斜,上颌比下颌稍长;无须;眼侧位;下咽齿 3 行,齿侧扁,顶端略呈钩状;侧线完全;背鳍具硬刺;背鳍前有一大而光滑的刺,臀鳍长,有 29～33 根分支鳍条;尾鳍深分叉;鳔 3 室,中室最大,呈圆筒状;体背及头部背面青灰色,带有浅绿色光泽,体侧银灰色,腹部银白色,各鳍边缘灰色。在我国,分布于黑龙江到珠江及海南等省。

团头鲂(Megalobrama amblycephala,又名武昌鱼,彩图 35),体侧扁,颇高,

呈菱形,体长为体高的 2.0～2.3 倍;胸部平坦,腹部仅自腹鳍基部至肛门具有皮质腹棱;尾柄高而短,头短小,吻圆钝;口端位,口裂宽,上下颌等长;背鳍具硬刺,其长短于头长;臀鳍长,具 27～32 分支鳍条;下咽齿 3 行;鳔 3 室;体侧鳞片基部灰白色,边缘黑色,在体侧形成灰白色条纹,鳍呈青灰色。喜生活在静水的中、下层,底质为淤泥并有沉水植物生长的敞水区。原分布于长江中下游的湖泊中。

d. 鲴亚科(Xenocyprininae)代表种:

黄尾鲴(*Xenocypris davidi*,黑白图 25):体长,侧扁,背腹部隆起,呈纺锤形。头尖。口小,下位,横裂,下颌具角质边缘。被薄而圆的细鳞。侧线鳞 62～68。腹部在肛门前方有不明显的棱鳞。背鳍第 1、2 鳍棘粗壮,第 2 棘尖长。背微黄色,体侧及腹部白色,背、胸、腹、臀鳍鲜黄色,尾鳍艳黄色,深叉形。在我国,分布于黄河以南各水系,也是江南一带重要的养殖品种。

e. 鳑鲏亚科 Acheilognathinae 代表种:

中华鳑鲏(*Rhodeus sinensis* Gunther,黑白图 26):体侧扁,头小。口角无须。下咽齿 1 行,齿面平滑。侧线不完全,仅前面的 3～7 片鳞:上具侧线孔。生殖季节雄鱼色彩异常鲜艳,吻部及眼眶周缘具珠星。雌鱼具长的产卵管。在我国,分布于黄河、长江等水系。

f. 鮈亚科(Gobioninae):在我国有 22 个属 80 余种和亚种,除青藏高原未发现外,全国各水系均有分布,常见 10 属,检索如下:

检索表

1(2)背鳍末根不分支鳍条为光滑的硬刺;咽齿 3 行 ……………………… 鳡属 *Hemilbarbus*

2(1)背鳍末根不分支鳍条柔软分节;咽齿 1 或 2 行

3(14)唇薄,简单,无乳状突起

4(5)口上位;口角无须 ………………………………………… 麦穗鱼属 *Psedorasbora*

5(4)口端位或下位;口角须 1 对

6(7)下颌有发达的角质边缘 ……………………………………… 鲮属 *Sarcocheilichthys*

7(6)下颌无角质边缘

8(11)体中等长,略侧扁;背鳍起点距吻端比背鳍基后端距尾鳍基为大

9(10)须短,一般不超过眼径的 1/2;胸腹部都有鳞 ………………… 颌须鮈属 *Gnathopogon*

10(9)须较长,通常大于眼径;胸部裸露无鳞 ……………………………… 鮈属 *Gobio*

11(8)体长,前段近圆筒形,后段侧扁;背鳍起点距吻端比背鳍后端距尾鳍基为小

12(13)口前吻部不显著突出;须较长,可伸达鳃盖或胸鳍基部;侧线鳞 54 以上 ………
………………………………………………………………… 铜鱼属 *Coreius*

13(12)口前吻部显著突出;须较短,末端不超过眼后缘下方;侧线鳞 51 以下 …………
……………………………………………………………… 吻鮈属 *Rhinogobio*

14(3)唇厚,发达,上下唇均有乳突

15(18)背鳍起点距吻端与基部后端距尾鳍基几相等;鳔前室包在韧质膜囊内

16(17)吻长,平扁,吻长远超过眼径的2径;咽齿2行 ················ 似鮈属 *Pseudogobio*

17(16)吻短,吻长等于或稍大于眼径,咽齿1行 ················ 棒花鱼属 *Abbottina*

18(15)背鳍起点距吻端较其基部后端距尾鳍基显著为小;鳔前室包于骨囊内 ················
蛇鮈属 *Saurogobio*

代表种:

花䱻(*Hemibarbus maculatus*,黑白图27):头长小于体高。吻长小于活等于眼后头长。下唇两侧叶狭窄,颐部中央有一小三角形突起,须1对。体侧有7～11块大黑斑。在我国,分布广,各主要水系都有分布。

华鳈(*Sarcocheilichthys sinensis*,黑白图28):体粗短,口小,呈马蹄形。下颌前缘具发达的角质。须1对,细小。侧线鳞40～41。体侧有4条垂直的宽黑斑。生殖季节雄鱼头部出现珠星,体色浓黑。雌鱼具短的产卵管。在我国,分布于各主要水系。

铜鱼(*Coreius heterodon*,黑白图29):口呈马蹄形;胸鳍末端不达腹鳍起点。口狭,头长为口宽的7～9倍;咽齿末端呈钩状。体呈肉红色或金黄色。分布较广,经济意义较大。

中国结鱼(*Tor sinensis*,黑白图30):体侧扁。吻尖,前突。口下位。唇厚肉质,完全覆盖颌部边缘,下唇3叶,中叶发达,呈舌形,成鱼的中叶后缘几平口角。须2对,吻须短,颌须后伸达眼后缘。鳞大。侧线鳞<40,侧线略下弯。背鳍硬刺粗壮光滑。尾鳍叉形。在我国,分布于西双版纳澜沧江。

g.裂腹鱼亚科(Schizothoracinae)代表种:

青海湖裸鲤(*Gymnocypris przewalskii*,俗名鳇鱼,彩图34):体长而稍侧扁,头锥形,吻较尖;口下位,口裂弧形,较大,下颌无角质边缘,无须;除胸鳍上至侧线下有3～4行不规则鳞片,臀鳍两侧有发达臀鳞外,身体其余表面裸露无鳞;体背黄褐或灰褐色,腹浅黄或浅灰色,体侧有大块规则暗斑,鳍带浅红色。为中国青海特有种。由于青海湖中敌害少,种群较繁盛,为青海唯一的经济鱼类,通常冰冻或制成鱼干外销。

h.鲤亚科(Cyprininae)代表种:

鲤(*Cyprinus carpio*,彩图36):体长,略侧扁。须2对。下咽齿呈臼齿形。背鳍基部较长。背鳍、臀鳍均具有粗壮的、带锯齿的硬刺。可在各种水域中生活。为广布性鱼类,个体大,生长较快,为淡水鱼中总产最高的一种。

鲫(*Carassius auratus*,彩图37):体侧扁而高。头较小,吻钝。无须。下咽齿侧扁。背鳍基部较短。背鳍、臀鳍具粗壮的、带锯齿的硬刺。为广布、广适性鱼类,广布于全国各水系。

i. 鲢亚科(Hypophthalmichthyinae)代表种:

鲢(*Hypophthalmichthys molitrix*,彩图 38):头大,吻钝圆,口宽,眼位于头侧下半部,眼间距宽。鳃耙特化,彼此联合成多孔的膜质片,有螺旋形的鳃上器。鳞细小。胸鳍末端不达腹鳍基部。腹部狭窄,自喉部至肛门有发达的腹棱。是我国著名的四大家鱼之一,分布于全国各主要水系。

鳙(*Aristichys nobilis*,彩图 39):头很大,几乎占身体长度的 1/3。吻宽,口大。眼位于头侧下半部,鳃耙呈页状,但不联合。具螺旋形的鳃上器。鳞细小。胸鳍末端超过腹鳍基部。自腹鳍至肛门有狭窄的腹棱。为重要经济鱼类,也是我国优良的养殖鱼类,分布于全国各主要水系。

(3)鳅科代表种的形态特征:

泥鳅(*Misgurnus anguillicaudatus*,黑白图 31):须 5 对,最长口须后伸达或稍超过眼后缘。无眼下刺。鳞小,埋于皮下。尾柄。上皮褶棱低,与尾鳍相连。尾柄长大于尾柄高。尾鳍圆形。肛门靠近臀鳍。在我国,广泛分布于黄河以南各水系。

(4)平鳍鳅科代表种的形态特征:

四川华吸鳅(*Sinogastromyzon szechuanensis*,黑白图 32):体宽短。吻须、口角须各之对。鳃裂稍扩展至头部腹面。胸鳍基部的背面及其后缘至腹鳍基部的体侧裸露。胸鳍起点在眼的前方,末端超过腹鳍起点,腹鳍左右相连成吸盘状,尾鳍凹形。底栖小型鱼类。体型特化,腹鳍成吸盘状,吸附在水流湍急的山涧溪流砾石上,能匍匐跳跃前进。在我国,分布于长江上游。

3.鲇形目

(1)鲇形目科的检索表:

检索表

1(6)脂鳍缺如

2(5)背鳍不存在,或存在而无硬棘

3(4)背鳍短小或不存在,须 1～3 对 ·················· 鲇科 Siluridae

4(3)背鳍很长;须 4 对 ·················· 胡鲇科 Clariidae

5(2)背鳍存在且有硬刺;须 4 对·················· 鳗鲇科 Plotosidae

6(1)脂鳍存在

7(10)臀鳍很长,鳍条一般多于 30 根

8(9)腹鳍鳍条 6 或 7 根;脂鳍小 ·················· (鱼芒)科 Pangasiidae

9(8)臀鳍鳍条 10 根以上；脂鳍略大 ·· 长臀鮠科 Cranoglanididae

10(7)臀鳍短或中等长，鳍条不多于 25 根

11(18)鼻须存在，多由鼻孔后缘伸出

12(13)体有纵裂的粒状突；腭齿缺如 ·· 粘鮡科 Akysidae

13(12)体无纵裂的粒状鳞

14(15)前后鼻孔距离颇远；腭齿存在 ·· 鲿科 Bagridae

15(14)前后鼻孔距离很近或紧邻；腭齿缺如

16(17)鳃膜不连于峡部；背鳍与胸鳍硬刺弱埋于皮膜内············· 钝头鮠科 Amblycipitidae

17(16)鳃膜连于峡部，少数不连于峡部，其背鳍与胸鳍硬刺发达·············· 鮡科 Sisoridae

18(11)鼻须缺如，前后鼻孔间隔以瓣片 ·· 海鲇科 Ariidae

19(20)头部略扁，无尾叉

20(19)头部平扁，尾叉较深。胸鳍有一硬棘，末端较尖，背鳍短·········· 鮰科 Ictaluridae

(2)鲇形目各科代表种类的形态特征：有韦伯氏器；口大齿利，口须 1～4 对；咽骨有细齿；体表裸露或局部被骨板；有脂鳍，胸鳍和背鳍常有一强大的鳍棘。

1)鲇科代表种：

鲇鱼(*Silurus asotus*，黑白图 36)，体长，后部侧扁。头平扁。口大，口裂末端止于眼前缘的下方。下颌突出，上、下颌具细齿。成鱼须 2 对，1 对须达到胸鳍末端。胸鳍刺前缘锯齿明显。臀鳍基部甚长，鳍条数目多。尾鳍小。在我国，分布于各主要水系。

2)胡鲇科代表种：

胡子鲇(*Clarias fuscus*，黑白图 34)，背鳍、臀鳍均很长，背鳍无硬刺。无脂鳍。须 4 对。上、下颌及犁骨有绒毛状齿带。鳃腔内有树枝状的鳃上器官。鳃盖膜不与峡部相连。在我国，分布于长江以南各省，以广东、福建较普遍。

3)鲿科代表种：

黄颡鱼(*Pseudobagrus fulvldraco*，彩图 40)，须 4 对；上颌须长，末端达到或超过胸鳍基部。体无鳞。背鳍硬刺后缘具锯齿。胸鳍刺比背鳍刺长前、后缘均具锯齿。脂鳍较短，臀鳍条 21～25 根。尾鳍分叉。鼻须一半为白色，另一半为黑色。在我国，分布于各主要水系。

长吻鮠(*Leiocassis longirostris*，彩图 41)，头较尖，吻特别肥厚，显著突出。须短，4 对。眼小，被皮膜覆盖。背鳍刺后缘有锯齿。胸鳍刺前缘光滑，后缘锯齿弱。在臀鳍上方有一肥厚的脂鳍。臀鳍条 14～18 根。尾鳍分叉。在我国，分布于各主要水系。

4)鮡科代表种：

短鳍鮡(*Pareuchiloglanis feae*,黑白图 35),体呈灰黄色。背鳍及胸鳍均无硬刺。胸部无吸着器。胸鳍发达,胸、腹鳍第一鳍条腹面具羽状纹。颌须宽而短。口下位,横裂。唇后沟间断,鳃孔小。分布于伊洛瓦底江和怒江水系。

5)海鲇科代表种:

海鲇(*Arius thalassinus*,黑白图 33),体长形,前部宽阔、后部侧扁。头大平扁,眼小,眼间隔宽而平坦,头顶裸露有弱粒突。口大,在口角外形成较厚的唇褶。有触须 3 对,上颌 1 对较长,可伸达鳃孔,下颌 2 对较短。体表光滑无鳞。侧线平直。体背部深绿色,腹部银白色,两侧有银色光泽。背鳍、胸鳍各有一硬棘,棘的前后缘有锯齿,尾鳍深叉形呈灰黄色,其他各鳍均为浅紫色,脂鳍短小。分布于印度洋和太平洋。在我国,海鲇产于南海和东海。

6)鮰科代表种:

斑点叉尾鮰(*Ictalurus punctatus*,黑白图 37),体延长,后部侧扁,头部平扁,尾叉较深。胸鳍有一硬棘,末端较尖,背鳍短,有脂鳍。体表光滑无鳞。体上部呈淡蓝色或橄榄色,腹部银白色,体侧分布有黑色或深褐色斑点,体重达 2 500 g 以上,斑点逐渐消失。有触须 4 对,口角须最长,超过胸鳍基部,颐须和鼻须较短。原产于美国密西西比河,为美国主要淡水鱼类。我国于 1984 年由首次从美国引进湖北省。目前我国南北方均有养殖。

四、实验报告及作业

(1)写出星康吉鳗、海鳗、鲤鱼、鲫鱼、草鱼、鲢鱼、鳙鱼、黄颡鱼、胡子鲇、团头鲂的形态分类特征。

(2)给上述鱼类排出一个检索表。

(3)如何区分星康吉鳗与海鳗、鲤鱼与鲫鱼、鲢鱼与鳙鱼、团头鲂与鳊鱼、黄颡与鲇鱼。

实验四　鱼类的分类检索(三)

——鳉形目、银汉鱼目、颌针鱼目、鳕形目、金眼鲷目、

海鲂目、刺鱼目、鲻形目、合鳃目的分类

一、实验目的

通过多媒体课件的讲解与多媒体电子图片,了解鱼类的分类结构与形态特征。通过观察各种鱼标本,掌握鳉形目、银汉鱼目、颌针鱼目、鳕形目、金眼鲷目、海鲂目、刺鱼目、鲻形目、合鳃目的主要形态特征,熟练掌握分类检索表的使用方法,为将来从事鱼类研究和鱼类养殖打下基础。

二、实验材料与器材

1. 实验材料

鳉形目、银汉鱼目、颌针鱼目、鳕形目、金眼鲷目、海鲂目、刺鱼目、鲻形目、合鳃目的常见经济鱼标本或鲜活鱼。

2. 器材

解剖盘、镊子、解剖镜、显微镜、量鱼板等。

三、实验内容与方法

对所给实验鱼标本进行详细观察,并根据体形、鳍的形态结构、鳞片结构、脂鳍、须、腹棱等形态结构特征对照参考图和检索表进行分类。

1. 鳉形目、银汉鱼目、颌针鱼目、鳕形目、金眼鲷目、海鲂目、刺鱼目、鲻形目、合鳃目的检索

检索表

1(16)体不呈鳗形;左右鳃孔不相连为一

2(9)背鳍一般无鳍棘

3(8)背鳍与臀鳍一般后位;腹鳍腹位

4(7)体无侧线;每侧鼻孔 2 个

5(6)背鳍 1 个;体无银色纵带 ························· 鳉形目 Cyprinodontiformes

6(5)背鳍 2 个;体具银色纵带　·················· 银汉鱼目 Atheriniformes

7(4)体具侧线;每侧鼻孔 1 个　·················· 颌针鱼目 Beloniformes

8(3)背鳍与臀鳍不后位;背鳍 1～3 个,臀鳍 1～2 个,腹鳍胸位或喉位　··· 鳕形目 Gadiformes

9(2)背鳍一般具鳍棘

10(15)背鳍 1～2 个,如 2 个,相距较近

11(14)吻不呈管状;背鳍前无游离鳍棘;体无骨板

12(13)尾鳍主鳍条 18～19;臀鳍一般具有 3 枚鳍棘　·············· 金眼鲷目 Beryciformes

13(12)尾鳍主鳍条 10～13;臀鳍一般具 1～4 枚鳍棘　·············· 海鲂目 Zeiformes

14(11)吻常呈管状;吻不呈管状则背鳍前具多枚游离棘;有些种类体被骨板·············
　·················· 刺鱼目 Gasterosteiformes

15(10)背鳍 2 个,分离较远;胸鳍腹位或亚胸位　·············· 鲻形目 Mugiliformes

16(1)体呈鳗形;左右鳃孔相连为一　·················· 合鳃目 Synbranchiformes

2.鳉形目、银汉鱼目形态特征及分类

(1)鳉形目(Cyprinodontiformes)形态特征:鳍无棘,腹鳍腹位,有 6～7 根鳍条,背鳍 1 个。体被圆鳞,无侧线。口裂上缘由前颌骨组成。无眶蝶骨、中乌喙骨。上、下肋骨存在,无肌间骨。本目可分为 2 个亚目,在我国仅产鳉亚目(Cyprinodontoidei),有 2 科,即青鳉科(Oryziatidae)和食蚊鱼科(Poeciliidae)。

代表种:青鳉(*Oryzias latipes*,黑白图 38),体形侧扁,背部平直,腹缘略呈圆弧状。头中等大,较平扁。眼大。口下颌稍长于上颌。头部及身体被圆鳞,纵列鳞 27～30 片。无侧线。背鳍条 6,臀鳍条 16～19;尾鳍截形。体背侧淡灰色,体侧及腹面银白色,臀鳍及尾鳍散布黑色小斑点,其他各鳍淡色。分布于中国东部、朝鲜西部及日本本州岛。在我国,从辽河到海南省,西到四川均有分布。

(2)银汉鱼目(Atheriniformes)形态特征:背鳍 2 个,第一背鳍为柔韧的不分支鳍条组成,第二背鳍与臀鳍有 1～2 根不分支鳍条;腹鳍小,亚胸位。侧线无或不发达。鳃条骨 5～7 根。本目有 2 个亚目,在我国仅产银汉鱼亚目。银汉鱼亚目有 3 科,现知在我国仅有 1 科 4 属 6 种,即银汉鱼科(Atherinidae)。

代表种:白氏银汉鱼(*Atherina bleekeri*,黑白图 39),体细长,侧扁,背缘圆凸,腹缘较狭;鳞大,圆鳞,躯体部全部被鳞,头部无鳞;鳞片后缘波曲,呈锯齿状,前缘中央有一柄状突出。无侧线。体银白色,背部及头顶具黑色小点,体侧具一宽的银灰色纵带,带宽占鳞片 2～3 纵行,吻端黑色。背鳍、臀鳍、胸鳍、腹鳍浅色,尾鳍灰黑色。在我国沿海均有分布。

3.颌针鱼目、科的形态特征与分类

本目体延长,被圆鳞,侧线位低,接近腹部。鳍无棘,腹鳍腹位,胸鳍位近体

背方。肩带无中乌喙骨。口裂上缘仅由前颌骨组成。肠直,无幽门盲囊。骨中具有淡绿素的色素,故骨骼常呈鲜绿色。鳍条骨 9~15 根。本目分为 2 个亚目 4 个科。常见为颌针鱼科(Belonidae)和飞鱼科(Exocoetidae)。

颌针鱼目、科的检索表

1(4)口大,一般两颌突出,鳞较小

2(3)背、臀鳍后方具游离小鳍 4~6 个,两颌略突出,但不呈长喙状,齿细弱 ……………………………………………………………………… 竹刀鱼科 Scombresocidae

秋刀鱼 Cololabis saira

3(2)背、臀鳍后方无游离小鳍;两颌延长呈喙状;齿强大,不同形 ……… 颌针鱼科 Belonidae

4(1)口小,有些下颌突出;鳞中等大

5(6)下颌突出形成喙状;左右前颌骨于吻端形成一扩大的平三角区;胸鳍不扩大…………

…………………………………………………………………… 鱵科 Hemiramphidae

6(5)成鱼下颌不突出成喙状;前颌骨不形成平三角区;胸鳍显著扩大

7(8)胸鳍略短,不达腹鳍起点;幼鱼期下颌呈喙状 ……………… 针飞鱼科 Oxyporhamphidae

8(7)胸鳍延长,一般超过腹鳍起点;幼鱼期下颌不呈喙状 ……………… 飞鱼科 Exocoetidae

(1)颌针鱼科代表种的形态特征:横带扁颌针鱼(*Ablennes hians*,彩图 42),体细长而侧扁,吻细长,向前突出形成喙状。背鳍位于身体尾背部,具 23~25 枚鳍条;臀鳍条 25~27 枚。体背部呈暗绿色,腹部呈银白色,体侧具 8~13 条暗色横带。在我国,横带扁颌针鱼分布于东海、南海。

(2)鱵科代表种的形态特征:日本鱵(*Hemirhamphus sajori*,彩图 43),体细长,略呈圆柱形,一般体长为 17~24 cm、体重为 50~100 g。上颌呈三角状片,长与宽相等,下颌延长成喙状。牙细小。体被细小圆鳞,背面正中线具较宽的翠绿色纵带,侧线鳞 102~112 个。背鳍与臀鳍相对,均位于体后方;胸鳍位高、黄色;尾鳍叉形,呈浅绿色,下叶略长于上叶。在我国,日本鱵只见于黄海和渤海,为北方沿海习见种。

(3)飞鱼科代表种的形态特征:真燕鳐(*Prognichthys agooz*,黑白图 40),体长而扁圆,略呈梭形。背部颇宽,两侧较平至尾部渐变细,腹面甚狭。头短,吻短,眼大,口小。上、下颌成狭带状。背鳍一个与臀鳍相对。胸鳍特长且宽大,可达臀鳍末端;腹鳍大,后位。两鳍伸展如同蜻蜓翅膀。尾鳍深叉形,下叶长于上叶。被大圆鳞,鳞薄极易脱落。头、体背面青黑色,腹部银白色,背鳍及臀鳍灰色,胸鳍及尾鳍浅黑色。侧线位低,侧线鳞 54~66 个。在我国,真燕鳐产于东海北部、黄海和渤海。

(4)秋刀鱼科:秋刀鱼(*Cololabis saira*,彩图 44),体形细圆,棒状;背鳍后有

5～6个小鳍,臀鳍后有6～7个小鳍;两颌多突起,但不呈长缘状,牙细弱;体背部深蓝色,腹部银灰色,吻端与尾柄后部略带黄色。秋刀鱼主要分布于太平洋北部温带水域,是冷水性洄游鱼类。

4.鳕形目的分类及其代表种的形态特征

本目腹鳍胸位或喉位,5～17鳍条。大多数种类的鳍无棘。背鳍1～3个,胸鳍位高。闭鳔。尾鳍骨骼对称。许多种类颏有一须。本目分为3个亚目7个科414种,绝大多数为深海种类,仅鳕科的部分种类为我国的海洋和江河的捕捞对象。

(1)大头鳕(*Gadus macrocephalus*,黑白图41):各鳍均无硬棘,完全由鳍条组成。体长形,稍侧扁,体被小圆鳞,头大,口前位,下颌前端颏部有须一条,背鳍3个,臀鳍2个,腹鳍喉位。下颌颏部有一须,须长等于或略长于眼径。两颌及犁骨均具绒毛状牙。鳞很小;侧线鳞不显著。在我国,大头鳕产于黄海和东海北部,为我国北方海区经济鱼类之一。

(2)江鳕(*Lota lota*,黑白图42):体长,前部圆筒状,后部侧扁,形似鲶鱼。下颏有一须。体鳞细小;头部无鳞。侧线前部较高,且常不完整。背鳍2个,第一背鳍短小,第2背鳍与臀鳍很长,并相对。胸鳍与腹鳍均小,腹鳍喉位,第1～2鳍条略延长呈丝状;尾鳍椭圆形。体色变化很大,通常背侧为暗褐色或灰褐色,秋季为灰绿色;腹侧较淡;体侧和鳍上常有许多不规则的黑斑与黄斑,鳍边缘黑色。江鳕分布于北纬40°以北,是著名的冷水性淡水鱼类。在我国的黑龙江、松花江、乌苏里江、鸭绿江均产。

5.金眼鲷目及其代表种的形态特征

本目有3亚目14科约38属164种。体被栉鳞;侧线有或无;背鳍1～2个,具0～13个鳍棘,6～19鳍条;臀鳍1个,具0～4个鳍棘,7～30鳍条;腹鳍腹位、亚胸位、胸位或喉位,鳍棘0～Ⅰ;鳍条6～10;尾鳍分叉,常具18～19根分支鳍条。

松球鱼(*Monocentrus japonicus*,彩图45),因体被大栉鳞、形似松果球而得名。松球鱼体卵圆,稍侧扁;头大;吻钝圆,微突出,鼻孔邻近眼前缘;眼侧中位,口稍低斜,上颌后端略伸过眼后缘;下颌前端较上颌稍短;鳃盖膜游离;有假鳃,肛门邻臀鳍前缘,鳞粗板状,互连;侧线前段位稍高,到尾柄侧中位;尾鳍浅叉状;鲜鱼橙黄色,鳞边黑色连呈网状;口前部,颊部与鳃峡常灰或黑色,后背鳍、胸鳍及尾鳍黄红色。在中国,松球鱼分布于黄海中部到南海,经济价值不大。

6.海鲂目及其代表种的形态特征

本目鱼体侧扁而高,栉鳞,鳞细小或仅具痕迹。背鳍棘发达,臀鳍具 1～4 枚棘,腹鳍胸位。世界记载 6 科 36 种,在我国记有 3 科 8 属 13 种。均为底层鱼类。在我国,常见的有海鲂科的 2 属 2 种。海鲂属的日本海鲂(*Zeus japonicus*)是较为常见种类。

日本海鲂(*Zeus japonicus*,彩图 46):体椭圆形(侧面观),侧扁而高。背鳍棘较细长,背鳍和臀鳍基部每侧各具一行棘状骨板,腹部也有一行棘状骨板。体侧中部侧线下方有一个环状暗色圆斑。体形较大,主要分布于太平洋西部,在我国南海、东海、黄海均产,产量不大,没有很大经济价值。

7. 刺鱼目及其代表种的形态特征

本目鱼的腹鳍胸位或亚胸位,或全无;背鳍 1 或 2 个,某些种类的第一背鳍为游离的棘。无眶蝶骨。吻通常呈管状。很多种类体被骨板。本目分为 3 个亚目,即刺鱼亚目(Gasterosteiformes)、管口鱼亚目(Aulostomoidei)、海龙亚目(Syngnathoidei)。

(1)刺鱼亚目(Gasterosteiformes):分为 3 个科,我国仅有刺鱼科(Gasterosteidae)。

代表种:中华多刺鱼(*Pungitius sinensis*,黑白图 43),体小,纺锤形,长 50 mm 左右。第一背鳍由 7～11 根分离的鳍棘组成;第二背鳍和臀鳍相对。臀鳍棘 1 个,较大。胸鳍大,侧中位。腹鳍亚胸位,1 个鳍棘。尾鳍短,浅凹形。体背部为淡黄绿色,腹部为银白色。在我国,中华多刺鱼分布于山东、河北、内蒙古、吉林和黑龙江等。

(2)海龙亚目(Syngnathoidei):无腹鳍,鳃孔小,鳃退化成球形。有 2 科。

海龙科代表种的形态特征:

1)尖海龙(*Syngnathus acus*,黑白图 44),体细长,被有环状骨板,吻呈长管状,口小位于吻端。有尾鳍,尾部不能卷曲。背鳍鳍条 35～45 根。头与体轴在同一直线上。鳃盖上线状嵴很短小,仅在基部 1/3 处。体无鳞,完全包被于骨环中。躯干中棱与尾上棱相连接。在我国,南海、东海、黄海和渤海均产。

2)日本海马(*Hippocampus japonicus*,黑白图 45),无尾鳍,尾部可蜷曲。头部弯曲与躯干部垂直。背鳍有 16～17 根鳍条。体无鳞,完全为骨环所包被。口小,位于吻管顶端。无牙。吻短,头长为吻长的 3 倍。顶冠甚低。雄鱼尾部腹面有育儿囊。在我国,南海、东海、黄海和渤海均产。

(3)管口鱼亚目(Aulostomoidei):具腹鳍,吻呈管状。有 4 个科,即管口鱼科(Aulostomidae)、烟管鱼科(Fistulariidae)、玻甲鱼科(Centriscidae)、长吻鱼科

(Macrorhamphosidae)。

1)烟管鱼科(Fistulariidae)代表种:红烟管鱼(*Fistularia petimba*,彩图47),体细长,吻特别延长,形成长吻管。口开在吻端。体完全光滑裸露。背部与腹部前后方无细长骨质鳞。两眼间隔比较平坦。尾鳍叉形,中间鳍条延长呈丝状。在我国,红烟管鱼产于南海、东海和黄海南部,为广东沿海习见种。

2)玻甲鱼科(Centriscidae)代表种:玻甲鱼(*Centriscus scutatus*,彩图48),体甚侧扁,腹缘薄。身体完全包被于透明骨质甲中。吻突出,呈管状。口小,位于吻管顶端。背鳍2个,位于体末端。尾鳍在第二背鳍与臀鳍之间,以深凹刻分离。在我国,玻甲鱼只见于南海,盛产于我国的北部湾一带。

8.鲻形目及其代表种的形态特征

本目腹鳍胸位或亚胸位。腰带骨以腱连于匙骨或后匙上。背鳍2个,分离,第一背鳍由鳍棘组成。圆鳞或栉鳞。侧线或有或无。鳃孔宽大,鳃条骨5～7根。鳃盖骨后缘无棘或具细锯齿。分为3个亚目,即魣亚目(Sphyraenoidei)、鲻亚目(Mugiloidei)、马鲅亚目(Polynemoidei)。常见为魣亚目。

(1)**魣亚目(Sphyraenoidei)**:分布于温热带海域中的肉食性鱼类,有些个体可以长得很长,长达3 m。本亚目仅有1个魣科(Sphyraenidae),在我国,只产1属7种。

代表种:日本魣(*Sphyraena japonica*,彩图49),体长近　形,吻长而尖实,口大、前位,上、下颌前端各具一犬齿。背鳍2个。D_1,Ⅵ;臀鳍,Ⅱ,8;胸鳍短小,尾鳍叉形。背部暗褐色,腹部银白色;背、胸鳍淡灰色,尾鳍暗褐色。主要分布于东海、朝鲜半岛、日本海域。

(2)**鲻亚目(Mugiloidei)**:鲻亚目包括了一些海水养殖的重要对象,多生活在热带和亚热带的海水中,也可进入淡水生活。在我国,南北沿海均有分布。只有1个鲻科(Mugilidae),全世界有10余属,在我国现知有7属13种。最常见的种为鲻鱼(*Mugil cephalus* Linnaeus)。

代表种:鲻鱼(*Mugil cephalus* Linnaeus,彩图50),体纺锤形。脂眼睑很发达。鳃耙细密如筐。体被圆鳞。胸鳍不具腋鳞,背鳍前方具纵列鳞14～15个。臀鳍鳍条8根。广泛分布于大西洋、印度洋和太平洋。在我国,鲻鱼产于南海、东海、黄海和渤海,为我国东海和南海主要港养鱼类。

梭鱼(*Mugil soiuy*,彩图51),体纺锤形。脂眼睑不甚发达,仅遮盖眼边缘。体被圆鳞,胸鳍无腋鳞,背鳍前方纵列鳞22个。臀鳍鳍条9根。分布于北太平洋西部。在我国,梭鱼产于南海、东海、黄海和渤海。

(3)马鲅亚目(Polynemoidei)：马鲅亚目只有 1 个马鲅科(Polynemidae)，在我国已知有 2 属 3 种，常见为四指马鲅(*Eleutheronema tetradactylum*)。

代表种：四指马鲅(*Eleutheronema tetradactylum*，图 22)，口大，下位。两颌牙细小成绒毛状，并延伸至颌的外侧，只在口角具唇。体背部灰褐色，腹部乳白色，体被栉鳞。胸鳍位低，下方有 4 根游离的丝状鳍条，其长约与胸鳍鳍条相等，背鳍 2 个，间隔大，尾鳍深叉形，背鳍、胸鳍和尾鳍均呈灰色、边缘浅黑色。分布于印度洋和太平洋西部。在我国沿海均产。

9.合鳃目及其代表种的形态特征

本目体细长，鳗型，前部亚圆形，向后渐细而侧扁，尾部尖细，头大，圆钝，吻稍长；眼小，上侧位，为皮膜所盖。左、右鳃孔在腹面连合成 V 形裂(＝合鳃目)，鳃不发达。分为两个亚目，在我国仅有合鳃亚目(Synbranchoidei)，只有一个合鳃科(Synabranchoidei)，在我国，仅产 1 种——黄鳝(*Monopterus albus* (Zuieuw))。

代表种：黄鳝(*Monopterus albus*，黑白图 46)，体鳗形。无胸鳍；无腹鳍；背鳍、臀鳍与尾鳍连在一起。鳃孔相连为一横裂，位于喉部，鳃通常退化状，口咽腔及肠具呼吸空气的能力。无鳔。在我国沿江和沿海各省都有产。

实验五 鱼类的分类检索(四)
——鲈形目的分类

一、实验目的

通过多媒体课件的讲解与多媒体电子图片,了解鲈形目鱼类的分类结构与形态特征。通过观察多种鱼的标本,掌握鲈形目各亚目的主要形态特征,熟记常见经济种的学名与俗名,熟练掌握分类检索表的使用方法。

二、实验材料与器材

1.实验材料

鲈形目各亚目常见经济鱼标本或鲜活鱼。

2.器材

解剖盘、镊子、解剖镜、显微镜、量鱼板等。

三、实验内容与方法

对所给实验鱼标本进行详细观察,并根据体形、鳍的形态结构、鳞片结构、脂鳍、须、腹棱等形态结构特征对照参考图和检索表进行分类。

鲈形目亚目的检索表

1(26)第一背鳍存在时不呈吸盘状或具 1 列分离的鳍棘

2(25)无鳃上器官;眶下骨不扩大

3(24)左右腹鳍不显著接近,亦不愈合成吸盘

4(23)食道无侧囊(食道囊)

5(18)上颌骨不固着于前颌骨

6(17)尾柄不具棘或骨板

7(16)腹鳍具 1 鳍棘,臀鳍一般具 2 或 3 鳍棘

8(9)腹鳍一般胸位,具一鳍棘 5 鳍条 ·········· 鲈亚目 Percoidei

9(8)腹鳍喉位或不存在

10(15)腹鳍有 1 个鳍棘 1～4 根鳍条,或不存在,头多偏扁

11(12)腹鳍及臀鳍通常有鳍棘 ·········· 鳚亚目 Blennioidei

12(11)背鳍及臀鳍无鳍棘

13(14)背鳍短,距胸鳍甚远 ……………………………………… 微体鱼亚目 Schindlerioidei

14(13)背鳍长,始于胸鳍上方 …………………………………… 玉筋鱼亚目 Ammodytoidei

15(10)腹鳍有 1 个鳍棘 5 根鳍条;头部平扁 ………………… (鱼衔)亚目 Callionymoidei

16(7)腹鳍内外各具 1 鳍棘;臀鳍通常具 7 鳍棘 ……………… 蓝子鱼亚目 Siganoidei

17(6)尾柄具棘或骨板 …………………………………………… 刺尾鱼亚目 Acanthuroidei

18(5)上颌骨固着于前颌骨

19(20)体延长呈带状;无尾鳍 ………………………………… 带鱼亚目 Trichiuroidei

20(19)体不延长呈带状;具尾鳍

21(22)无皮肤血管系统 ………………………………………… 鲭亚目 Scombroidei

22(21)具皮肤血管系统 ………………………………………… 金枪鱼亚目 Thunnioidei

23(4)食道具侧囊,囊内乳突具骨刺 …………………………… 鲳亚目 Stromateoidei

24(3)左右腹鳍极接近,大多愈合呈吸盘 ……………………… 虎鱼亚目 Anabantoidei

25(2)有鳃上器官;眶下骨扩大 ………………………………… 攀鲈亚目 Anabantoidei

26(1)第一背鳍特化为吸盘或呈 1 列分离鳍棘

27(26)第一背鳍特化为吸盘 ……………………………………… 䲟亚目 Echeneoidei

28(27)第一背鳍特化呈 1 列分离鳍棘 ………………………… 刺鳅亚目 Mastacembeloidei

鲈亚目科的检索表

1(66)体每侧各有侧线 1 条

2(65)腹鳍胸位,头部不被骨板

3(64)上、下颌齿不与颌骨相愈合,不形成骨喙;各齿间无石灰质

4(59)左右下咽骨不愈合

5(58)体不延长呈带状;背鳍与臀鳍不与尾鳍相连

6(55)后颞骨不与颅骨相接

7(54)骸部无二枚长须

8(35)上颌骨一般不为眶前骨所掩盖

9(16)臀鳍棘 3 个

10(15)腹部无发光腺体

11(14)鳞不坚厚粗糙

12(13)背鳍棘 7 个或 8 个 ……………………………………… 尖吻鲈科 Latidae

13(12)背鳍棘一般 9 个以上,如为 7～8 个,则尾鳍不圆或前鳃盖骨隅角无大棘

…………………………………………………………………… 鮨科 Serranidae

14(1)鳞坚厚粗糙 ………………………………………………… 大眼鲷科 Priacanthidae

15(10)腹部具发光腺体 …………………………………………… 发光鲷科 Acropomidae

16(9)臀鳍棘 1 个或 2 个

17(26)尾柄通常较宽,体一般被栉鳞

18(25)背鳍分离或有深凹刻;头不钝圆

19(24)体长椭圆形(侧面观)

20(21)第一背鳍棘多于 10 个 ・・・・・・・・・・・・・・・・・・・・・・・・・・・・・・・・・・・・・ 鲈科 Percidae

21(20)第一背鳍棘 6～9 个

22(23)第二背鳍鳍条 7～10 根 ・・・・・・・・・・・・・・・・・・・・・・・・・・・・・・・ 天竺鲷科 Apogonidae

23(22)第二背鳍鳍条 20～22 根 ・・・・・・・・・・・・・・・・・・・・・・・・・・・・ 乳香鱼科 Lactariidae

24(19)体细长梭形 ・・ 鱚科 Sillaginidae

25(18)两背鳍相连且无缺刻;头钝圆,近方形 ・・・・・・・・・・・・・ 方头鱼科 Branchiostegidae

26(17)尾柄细狭,体一般被圆鳞

27(32)前颌骨能向前伸出

28(31)有腹鳍

29(30)臀鳍前方有 2 个游离棘 ・・・・・・・・・・・・・・・・・・・・・・・・・・・・・・・・ 鲹科 Carangidae

30(29)臀鳍前方无游离棘 ・・・・・・・・・・・・・・・・・・・・・・・・・・・・・・・・・・・ 眼镜鱼科 Menidae

31(28)无腹鳍(小鱼有) ・・・・・・・・・・・・・・・・・・・・・・・・・・・・・・・・・・・・・ 乌鲳科 Formionidae

32(27)前颌骨不能向前伸出

33(34)背鳍有分离的鳍棘,始于头后上方 ・・・・・・・・・・・・・・・・・ 军曹鱼科 Rachycentridae

34(33)背鳍无棘,很长,始于眼上方 ・・・・・・・・・・・・・・・・・・・・・・・・・ 鲯鳅科 Coryphaenidae

35(8)上颌骨一般被眶前骨所掩盖

36(37)臀鳍棘 2 个;头具黏液腔 ・・・・・・・・・・・・・・・・・・・・・・・・・・・・・ 石首鱼科 Sciaenidae

37(36)臀鳍棘 3 个(个别 6 个)

38(41)口能向上向下或向前伸出

39(40)体被小圆鳞,背鳍有 7～8 个棘,16～17 根鳍条 ・・・・・・・ 鲾科 Leiognathidae

40(39)体被较大圆鳞;背鳍有 9～10 个棘,9～15 根鳍条 ・・・・・・ 银鲈科 Gerridae

41(38)口几不能伸出

42(43)侧线上方鳞片一般斜行,犁骨与腭骨通常有齿 ・・・・・・ 笛鲷科 Lutjanidae

43(42)侧线上方鳞片不斜行;犁骨与腭骨一般无齿

44(47)两颌侧方一般具臼齿

45(46)颊部与头顶具鳞;吻钝 ・・・・・・・・・・・・・・・・・・・・・・・・・・・・・・・・ 鲷科 Sparidea

46(45)颊部与头顶无鳞;吻部长 ・・・・・・・・・・・・・・・・・・・・・・・・・・・・ 裸颊鲷科 Lethrinidae

47(44)两颌侧方无臼齿

48(49)体一般较高;尾鳍圆形;臀鳍第三棘粗大 ・・・・・・・・・・・・・ 松鲷科 Lobotidae

50(51)两颌前方具圆锥形犬牙 ・・・・・・・・・・・・・・・・・・・・・・・・・・・・・ 金线鱼科 Nemipteridae

51(50)两颌前方无圆锥形犬牙

52(53)后颞骨及匙骨后上角裸露,边缘具锯齿 ・・・・・・・・・・・・・・・ 鲗科 Tgeraponidae

53(52)后颞骨及匙骨后上角不裸露;颊部具孔或中央沟 ・・・・・・ 石鲈科 Pomadasyidae

54(7)颏部具 2 根长须 ・・ 羊鱼科 Mullidae

55(6)后颞骨与颅骨固结;背鳍前有一向前倒卧棘

56(57)胸鳍长呈镰刀状;体被中大圆鳞;臀鳍 3 个鳍棘 ・・・・・・ 鸡笼鲳科 Drepanidae

57(56)胸鳍短,圆形;体被细小栉鳞;臀鳍具 4 个鳍棘 ・・・・・・ 金钱鱼科 Scatophagidae

58(5)体延长呈带状;背鳍、臀鳍与尾鳍相连 ⋯⋯⋯⋯⋯⋯⋯⋯⋯ 赤刀鱼科 Cepolidae

59(4)左右下咽骨愈合

60(63)头部每侧鼻孔 2 个

61(62)臀鳍鳍条 25 根以上 ⋯⋯⋯⋯⋯⋯⋯⋯⋯⋯⋯⋯ 海鲫科 Embiotocidae

62(61)臀鳍鳍条 25 根以下;口能伸缩,或前颌骨与上颌骨固结 ⋯⋯ 隆头鱼科 Labridae

63(60)头部每侧鼻孔 1 个;背鳍 14~17 个鳍棘;臀鳍 3~8 个鳍棘 ⋯⋯⋯ 丽鲷科 Cichlidae

64(3)上、下颌齿与颌骨相愈合形成骨喙,各齿间具石灰质 ⋯⋯⋯ 石鲷科 Oplegnathidae

65(2)腹鳍喉位;头部宽大,部分被硬骨板 ⋯⋯⋯⋯⋯⋯⋯⋯ 䲢科 Uranoscopidae

66(1)体每侧侧线 2 条 ⋯⋯⋯⋯⋯⋯⋯⋯⋯⋯⋯ 鳄齿鱼科 Champsodontidae

1. 鲈亚目代表种的形态特征

(1)鮨科(Serranidae):下颌通常长于上颌,颌齿绒毛状或杂有犬牙。头和颊部被鳞,鳃盖骨上有 1~3 个扁平棘。分为常鲈亚科、鳜亚科、石斑鱼亚科

1)常鲈亚科代表种:花鲈(*Lateolabrax japonicus*,彩图 53),体延长而侧扁,眼间隔微凹。口大,下颌长于上颌。吻尖,牙细小。前鳃盖骨后缘有细锯齿,隅角及下缘有钝棘。侧线完全与体背缘平行,体被细小栉鳞,鳞片不易脱落,体背侧为青灰色,腹侧为灰白色。体背侧散布着黑色斑点,随年龄增长,斑点逐渐不明显。背鳍 2 个,第一背鳍发达并有 12 根硬棘,第二背鳍由 13 根鳍条组成。第二背鳍基部浅黄色,胸鳍黄绿色,尾鳍叉形呈浅褐色。在我国沿海均产,为黄渤海较常见经济鱼类之一。

2)鳜亚科代表种:鳜鱼(*Siniperca chuatsi*,彩图 54),体侧扁,近扁菱形,尖头,大嘴,大眼。体色为青果绿色并带金属光泽,体侧有不规则的花黑斑点。小细圆鳞。尾鳍截形,背鳍前半部为硬棘且有毒素,后半部为软的鳍条。在我国,鳜鱼分布于各地淡水河湖中,北方以赵北口、白洋淀产的较多,南方以湖南、湖北、江西产的较多。

3)石斑鱼亚科代表种:青石斑鱼(*Epinephelus awoara*),体表散布橙色小点。体侧有 5 条暗色横带,第一与第二条紧相邻,第三与第四条位于背鳍鳍条部与臀鳍鳍条部之间,第五条位于尾柄上。背鳍鳍条部及尾鳍边缘黄色。分布于北太平洋西部。在我国,只见于南海,为广东沿海习见经济种类。该属常见种类有棕点石斑鱼,俗名老虎斑(*E. fuscoguttatus*,彩图 56)。

(2)大眼鲷科(Priacanthidae)代表种:短尾大眼鲷(*Priacanthus macracanthus*,彩图 59),体为长椭圆形(侧面观),侧扁。吻短,眼甚大,约占头长的一半,故得名大眼鲷。口大、上位。前腮盖骨边缘有细锯齿。前腮盖隅角处有一强棘。体被细小而粗糙的栉鳞,鳞片坚固不易脱落。背鳍连续,具 10 个鳍棘,棘可伏于背沟中,胸鳍较短,尾鳍浅叉形。全身浅红色,腹部色浅,尾鳍边缘深红色,背鳍、

臀鳍及腹鳍鳍膜间均有黄色斑点。分布于印度洋和太平洋,在我国,短尾大眼鲷主要产于南海及东海南部,北部湾全年均产。

(3)鲯鳅科(Coryphaenidae)代表种:鲯鳅(*Coryphaena hippurus*,黑白图48),体延长侧扁,前部高大,向后渐变细。头大,背部很窄,成鱼头背几乎呈方形,额部有一骨质隆起,随成长而明显,尤以雄鱼为甚。口大,端位,下颌略突出上颌。体被细小圆鳞,不易脱落;侧线完全,在胸鳍上方呈不规则弯曲后而直走。背鳍单一,基底长,起始于眼上方而止于尾柄前;臀鳍较短,起始于背鳍中部鳍条下方;胸鳍小,镰刀形;尾鳍深叉形。体表呈绿褐色,腹部银白色至浅灰色,且带淡黄色泽;体侧散布有绿色斑点。背鳍为紫青色;胸鳍、腹鳍边缘呈青色;尾鳍银灰而带金黄色泽。在我国各沿海均产,以北部海区产量较大。

(4)天竺鲷科(Apogonidae)代表种:细条天竺鱼(*Apogonichthys lineatus*,彩图58),头大。吻短。眼大,眼间隔约等于眼径。两颌齿绒毛带状,犁骨与腭骨亦具绒毛齿。体被弱栉鳞,鳞较大,易脱落。第一背鳍鳍棘细弱。尾鳍圆形。体侧有9~11条暗色横条,条纹宽小于条间隙。分布于北太平洋西部。在我国,细条天竺鱼产于东海北部、黄海和渤海。

(5)鱚科(Sillaginidae)代表种:多鳞鱚(*Sillago sihama*,彩图57),体细长,略呈圆柱状,被弱栉鳞。侧线上鳞4~5列。体侧无斑纹。各鳍亦无斑点。分布于印度洋和太平洋。为我国沿海习见种类。

(6)鲹科(Carangidae)代表种:

1)蓝圆鲹(*Decapterus maruadsi*,彩图60),体呈纺锤形,稍侧扁。青灰色。鳃盖后上角有一块黑斑。眼被脂睑,仅瞳孔中央留露一条长缝。上下颌有一列细齿。第二背鳍和臀鳍后方各有一个游离小鳍。体被小圆鳞。分布于太平洋和印度洋。在我国,蓝圆鲹产于南海、东海及黄海,以南海、东海产量较大。

2)竹夹鱼(*Trachurus japonicu*,彩图61),体呈纺锤形。稍侧扁脂眼睑发达。体被小圆鳞,侧线上全被高而强的棱鳞,所有棱鳞均具一向后的锐棘,形成一条锋利的隆起脊。体背部青绿色,腹部银白色,鳃盖骨后缘有一黑斑。背鳍2个。分布于太平洋西部。在我国沿海均产。

3)大甲鲹(*Megalaspis cordyla*,彩图62),体呈纺锤形。脂眼睑非常发达。棱鳞强而高,被于侧线弯曲部后部及直线部全部,在尾柄处连接形成一隆起峙。第二背鳍后部有7~10个游离小鳍,臀鳍后部有6~8个游离小鳍,小鳍的数目随鱼的大小而异。分布于印度洋和太平洋。在我国,大甲鲹产于南海和东海,盛产于广东沿海。

4)黄条鰤(*Seriola aureovittata*,彩图63),体稍侧扁,纺锤形,上颌骨宽,其后上角较圆。侧线上无棱鳞。幽门盲囊呈指形,120~213个。从吻至尾柄有一明显的黄色纵带。分布于北太平洋西部。在中国,黄条鰤仅产于黄海与渤海。

(7)石首鱼科(Sciaenidae)代表种:

1)小黄鱼(*Pseudosciaena polyactis*,彩图 65),头较大,头颅具发达黏液腔。尾柄长为尾柄高的 2 倍多。臀鳍第二鳍棘长小于眼径。鳞较大,在背鳍与侧线间具鳞 5～6 行。鳔的腹分支的下分支中前小支长于后小支。脊椎骨一般为 29 个。小黄鱼分布于我国东海、黄海和渤海,为我国主要经济鱼类之一。

2)大黄鱼(*Pseudosciaena crocea*,彩图 64),与小黄鱼主要区别:尾柄长为尾柄高的 3 倍多;臀鳍第二鳍棘等于或大于眼径;鳞较小,背鳍与侧线间有鳞 8～9 行;鳔的腹分支的下分支中前小支与后小支等长;脊椎骨一般为 26 个。大黄鱼分布于我国南海、东海和黄海南部,为我国主要海产经济鱼类之一,年产量仅次于带鱼。

3)黄姑鱼(*Nibea albiflora*,彩图 66),吻短钝。颏孔为"似五孔型",中央颏孔一对,相互接近,中间有一肉垫;内侧颏孔和外侧颏孔均存在。无颏须。鳔大,前端圆形,无向外突出的侧囊,鳔侧具缨须状侧枝,约 22 对。脊椎骨 25 个。分布于太平洋西部。在我国沿海均产。

4)鮸鱼(*Miichthys miiuy*,彩图 67),头中等大,尖突。颏孔 4 个,中央颏孔及内侧颏孔呈四方形排列。无颏须。上颌外行牙和下颌内行牙扩大,呈犬牙状。鳔圆锥形,后端尖细;鳔侧具 34 对侧枝,小枝细密,交叉成网状。体被栉鳞。侧线完全。分布于北太平洋西部。在我国沿海均产,为我国海产经济鱼类。

5)美国红鱼(*Sciaenops ocellatus*,又名眼斑拟石首鱼,彩图 68),外形与黄姑鱼较为相似。区别在于其背部和体侧的体色微红,尾柄基部上方有一黑色斑点。体延长,呈纺锤形,侧扁,头部钝圆,背部略微隆起。全长为体高的 2.65～2.70 倍,体长为体高的 2.0～2.1 倍,尾柄长为高的 1.8～1.9 倍。分布于南大西洋和墨西哥湾沿岸水域。1991 年引进我国,并开展繁殖、养殖。

(8)笛鲷科(Lutjanidae)代表种:红鳍笛鲷(*Lutjanus erythopterus*,黑白图 49),俗称红鱼、大红鱼、红笛鲷。它的体表侧线上、下方鳞片皆后斜,背鳍鳍条基底大于鳍高,鳍后缘略带圆,体表呈红色,腹部浅红色,体侧中央无黑色的纵带,故称"美国红鱼"或"红鱼"。分布于我国东海、南海,为南海名贵经济鱼类。

(9)鲷科(Sparidae):(侧面观)体椭圆形或长椭圆形,侧扁,一般背缘隆起度大。体被中等大的圆鳞或弱栉鳞。口端位,上颌骨大部或全部被眶前骨所遮盖。齿强,前端为犬齿状、圆锥齿状或门齿状,两侧为臼齿或颗粒齿。鳃膜与颊部不连。背鳍连续,鳍棘强大,臀鳍 3 棘,以第二棘最强大。代表种为:

1)真鲷(*Chrysophrys major*,彩图 69):俗称红加吉鱼,体侧扁,侧面观呈长椭圆形。头大,口小。全身呈现淡红色,体侧背部散布着鲜艳的蓝色斑点。尾鳍后缘为墨绿色,背鳍基部有白色斑点。分布于印度洋和太平洋西部。在我国近海均产。

2)黑鳍鲷(*Acanthopagrus schlegel*,彩图 70):体侧扁,侧面观呈长椭圆形。头大,前端钝尖,第一背鳍有硬棘 11～12 根,软条 12 根。两眼之间与前鳃盖骨后下部无鳞。侧线上鳞 6～7 枚,体青灰色,侧线起点处有黑斑点,体侧常有黑色横带数条。在我国沿海均产,以黄、渤海产量较多。

(10)石鲈科(Pomadasyidae)代表种:

1)横带髭鲷(*Hapaloyenys mucronatus*,彩图 72),体侧扁,背部隆起。眼大。体色灰褐,体侧具 5 条深色宽的横带。背鳍第三棘与臀鳍第二棘特别强大,背鳍、臀鳍软条部及尾鳍为鲜黄色并具黑缘,尾鳍圆形。分布于北太平洋西部,在我国沿海均产。该属常见种还有斜带髭鲷(*H. mucronatus*,彩图 73)。

2)花尾胡椒鲷(*Plectorhynchus goldmanni*,彩图 71),体长圆形(侧面观),侧扁。从头盖骨起,背部显著隆起,背面狭窄呈锐棱状,腹面平坦。背鳍一个,连续,有 12～13 个棘、臀鳍有 3 个棘。尾鳍截形、略圆。口小,端位,唇厚,下颌腹面有 3 对小孔。侧线完全,位高与背缘平行。全体被细小栉鳞,侧线鳞下方鳞较大于上侧,胸鳍基部有腋鳞。体上部灰褐色,下部较淡。体侧有黑色宽带 3 条,斜形。在第二条斜带上方、背鳍和臀鳍上均散布许多大小不一的黑色圆点,特别是尾鳍上圆点较密集,状似散落的黑胡椒,故得名。胸鳍、臀鳍、尾鳍边缘近黑色。分布于印度洋和北太平洋西部。在我国南海、东海和黄海均产,以南海区产量较大。

(11)石鲷科代表种:条石鲷(*Oplegnathus fasciatus*,彩图 74),体延长而呈长卵圆形,侧扁而高。头小,前端钝尖。吻短,眼大,侧位,上颌达眼之前缘下方。前鳃盖骨后缘具锯齿;鳃盖骨上具一扁小棘。体被细小栉鳞,吻部无鳞,颊部具鳞,各鳍基底均被小鳞。侧线完全,与背缘平行。背鳍单一,硬棘部和软条部间具缺刻,硬棘Ⅻ,软条数 16 根;臀鳍硬棘Ⅲ,软条数 13 根;尾鳍后缘凹形。体表黄褐色,体侧及头部眼带共有 7 条黑色横带。胸鳍、腹鳍黑色;余鳍较淡而有黑缘。分布于太平洋,在我国、韩国、日本及夏威夷群岛等沿海均产。该属在我国还有斑石鲷(*O. punctatus*,彩图 75)。

(12)方头鱼科(Branchiostegidae)代表种:银方头鱼(*Branchiostegus argentatus*,彩图 78),头近方形。吻较长。眼较小。头长为吻长的 2.2～3.6 倍,为眼径的 4.4～5.2 倍。后头骨隆起峭向前延伸,达到左、右外筛骨后端连线的前方,在峭的前端不分成两叉。腹鳍较大,其长大于眼后头长。尾鳍后缘双截形,有蠕虫状斑纹。在我国,银方头鱼产于南海及东海。

(13)丽鱼科(Cichlidae):体一般为长椭圆形(侧面观),被中大栉鳞,侧线前后中断为二,一般上侧线止于背鳍鳍条末端之下,下侧线则位于尾柄的中部。口不大,两颌齿一般呈锥形,腭骨无齿。前颌骨能伸缩。背鳍连续,鳍棘发达。分布在南美、中美、非洲及西南亚,种类颇多,许多是供观赏的热带鱼。

代表种:尼罗罗非鱼(*Tilapia nilotica*,彩图 80),外形类似鲫鱼;体型侧扁,背鳍而高,鳞大,体色黄棕色,腹部白色,体侧有黑色纵条纹。

(14)眼镜鱼科(Menidae)代表种:眼镜鱼(*Mene maculata*,彩图 76),体甚侧扁,形如一眼镜片。腹缘甚凸而薄锐。口小,几呈垂直状。臀鳍基底长,鱼小时有鳍棘,鳍条 31～33 根;鱼大时,鳍棘消失,大中鳍条包于皮下,仅末端露出。腹鳍细条状。暖水性鱼类。分布于印度和太平洋。在我国,眼镜鱼产于南海和东海,为广东沿海习见种类。

(15)金线鱼科(Nemipteridae)代表种:金线鱼(*Nemipterus virgatus*,彩图 79),体延长,侧扁,背、腹缘皆钝圆,吻钝尖,口稍倾斜,上颌前端有 5 颗较大的圆锥形齿,上下颌两侧皆有细小的圆锥齿。体被薄栉鳞,全体呈深红色,腹部较淡,体两侧有 6 条明显的黄色纵带、背鳍长;尾鳍叉形,其上叶末端延长成丝状。背鳍及尾鳍上缘为黄色,背鳍中下部有一条黄色纵带,臀鳍中部有 2 条黄色纵带。分布于北太平洋西部,在我国,金线鱼产于南海、东海和黄海南部,其中南海产量较大。主要渔场有南海北部湾各渔场。

(16)军曹鱼科(Rachycentdae)代表种:军曹鱼(*Rachycentron canadum*,彩图 81),体形圆扁,躯干粗大,头平扁而宽;口大,前位;吻中等大,约为头长的1/3;眼小,不具脂膜,眼间隔宽平,位于头两侧;下颌略长于上颌;鼻孔长圆形,每侧 2 个,与眼上缘处于同一水平;背鳍硬棘短且分离,臀鳍具 2～3 个弱棘。尾柄近圆筒形,侧扁,无隆脊;第一背鳍 8～10 个鳍棘,粗短;胸鳍尖、镰状;腹鳍胸位,具 1 个棘 5 根鳍条。鱼体表被小圆鳞。鱼体背面黑褐色,腹部灰白色,体侧沿背鳍基部有一黑色纵带,自吻端经眼而达尾鳍基部,体两侧各有一条平行黑色纵带,各带之间为灰白色纵带相间。鳍为淡褐色,腹鳍与尾鳍上边缘则为灰白色。广泛分布于印度洋、太平洋和大西洋。在我国,军曹鱼产于南海、东海与黄海。

(17)䲢科(Uranoscopidae)代表种:日本䲢(*Uranoscopus japonicus*,彩图82),体呈亚圆柱形,前部稍平扁,向后渐侧扁。头大,略扁平。背面及两侧被骨板,吻甚短。腹鳍喉位。眼小,位于头背两侧。口上位,似直立。上颌骨后端宽且外露,鳃孔大。体被小圆鳞,不易脱落。侧线位高。体背侧黄褐色,具白色网纹,腹侧淡白色。在我国沿海均产。该科常见种还有青䲢(*Gnathagnus elongatus*,彩图 83)。

(18)蝴蝶鱼科(Chaetodontidae)代表种:朴蝴蝶鱼(*Chaetodon modestus*,彩图 77),口小,吻突出。背鳍有强大鳍棘 11 个,以第四鳍棘为最长。臀鳍有强棘

3个。背鳍鳍条部前下方有一镶白边圆形大蓝斑。体侧有4条镶蓝边黄色横带。在我国,朴蝴蝶鱼产于南海和东海。

(19)赤刀鱼科代表种:背点棘赤刀鱼(*Acanthocepola limbata*,彩图94),体长,侧扁,头小侧扁,吻短而钝,口上位。背鳍与臀鳍均很长,背鳍始于颈部,臀鳍始于胸鳍之下,后端均与尾鳍相连;胸鳍短小,腹鳍位于其下略前方。体色赤红,背鳍前部有一黑斑。在我国,主要分布于东海、南海。

(20)羊鱼科代表种:黄带绯鲤(*Upeneus sulphureus*,彩图96),体短,稍侧扁,吻略长,眼位于头长中间,　须1对。鳍式D.Ⅲ,Ⅰ-8;A.Ⅰ-6;生活时呈艳红色,腹部金黄色,体侧有三条黄色纵带,背鳍与尾鳍呈红色,须浅黄色。在我国,主要分布于南海和东海南部。

2. 带鱼亚目(Trichiuroidei)

带鱼亚目分3科,在我国产2科。常见为带鱼科,在我国有4个属。以带鱼为常见种。

代表种:带鱼(*Trichiurus haumela*,彩图87),鱼体显著侧扁,延长成带状,尾细长如鞭;头窄长而侧扁,前端尖突;两颌牙发达而尖锐;眼大、位较高,眼间隔平坦、中间微凹;鳞退化成表皮银膜,全身呈富有光泽的银白色,背部及背鳍、胸鳍略显青灰色;背鳍长,起点于鳃孔后上角,与背部齐长,臀鳍不明显,只有鳍棘刺尖外露;无腹鳍。分布于世界各地的温、热带海域。在我国沿海均产。浙江嵊山渔场是带鱼的最大产地,其次是福建的闽东渔场。

3. 鲭亚目(Scombroidei)

鱼体大多呈纺锤形。前颌骨固着于上颌骨,不能向前伸出,尾鳍鳍条基部重叠于尾下骨之上。背鳍鳍棘正常。臀鳍前无游离鳍棘。有或无皮肤血管系统。

(1)鲭科(Scombridae)代表种:

1)蓝点马鲛(*Scomberomorus niphonius*,黑白图47):体长而侧扁,呈纺锤形,尾柄细,口大,稍倾斜,牙尖利而大,排列稀疏,体被细小圆鳞,侧线呈不规则的波浪状,体侧中央有黑色圆形斑花,背鳍2个,尾鳍大、深叉形。分布于北太平洋西部,在我国,蓝点马鲛产于东海、黄海和渤海。主要渔场有舟山、连云港外海及山东南部沿海。

2)鲐鱼(*Pneumatophorus japonicus*,彩图84),体粗壮微扁,呈纺锤形,头大,前端细尖似圆锥形,眼大位高,口大,上、下颌等长,各具一行细牙,犁骨和腭骨有牙;体被细小圆鳞,体背部呈青黑色或深蓝色,体两侧胸鳍水平线以上有不规则的深蓝色虫蚀纹,腹部白而略带黄色;背鳍2个,相距较远,第一背鳍鳍棘9~10根,第二背鳍和臀鳍相对,其后方上、下各有5个小鳍,尾鳍深叉形,基部两侧有两个隆起脊,胸鳍浅黑色,臀鳍浅粉红色,其他各鳍为淡黄色。在我国近海均产。

4. 金枪鱼亚目（Thunnioidei）

代表种：扁舵鲣（*Auxis thaxard*，彩图 85），体粗壮呈纺锤形，横切面近于圆形，头短小。口端位，两颌牙细小。体背青蓝色，腹部金属浅灰色。侧线上方背部具黑色虫纹斑。胸鳍部位侧线两边具密集细圆鳞，背鳍 2 个，分离，第一背鳍由鳍棘组成，平卧时可收折于背沟中，第二背鳍后部和臀鳍后部各具 7～8 个小鳍；胸鳍小，中侧位，镰状；尾鳍宽大新月形。尾柄细扁。各鳍黑褐色。在我国黄海、南海和东海均有分布。

金枪鱼亚目常见经济鱼类还有鲣属（*Katsuwonus*）的鲣鱼（*Katsuwonus pelamis*，彩图 86），为我国东海、南海、台湾海峡远洋捕捞中常见种类。

5. 鲳亚目（Stromateoidei）

代表种：银鲳（*Silvery pomfret*，彩图 88），体呈卵圆形，侧扁；头较小，吻圆钝略突出；下颌较上颌短；体被小圆鳞，易脱落，侧线完全；体背部微呈青灰色，胸、腹部为银白色，全身具银色光泽并密布黑细斑；无腹鳍，尾鳍深叉形。分布于印度洋和太平洋西部。在我国沿海均产，东海与南海较多。

6. 鳚亚目（Blennioidei）

（1）绵鳚科代表种：长绵鳚（*Enchelyopus elongatus*，黑白图 50，俗名光鱼），体延长，略成鳗形，眼小，口大，上颌较下颌略长，吻钝圆。全身鳞甚细小，深埋于皮下；体呈淡黄黑色，背缘及体侧有 13～18 个纵行黑色斑块及灰褐色云状斑；背鳍和臀鳍基部甚长，且与尾鳍相连；背鳍起于鳃盖边缘直至尾端；胸鳍宽圆；腹鳍很小，喉位；尾鳍尖形，不分叉。背鳍自第 4～7 根鳍条上具一黑斑。分布于北太平洋，在我国黄海、渤海及东海北部产量较大。

（2）玉筋鱼科代表种：玉筋鱼（*Ammodytes personatus*，俗名面条鱼，彩图 89），个体小，近圆柱状。下颌缝合处有一肉质突起。两颌无牙。体被小圆鳞，侧线完全，位于背缘。无腹鳍。分布于北太平洋。在我国，玉筋鱼只产于黄海及渤海。

（3）锦鳚科代表种：

1）云鳚（*Enedrias nebalosus*，彩图 92），体小，侧扁，光滑无鳞。背鳍 1 个，低而延长，具 79 枚鳍棘，后端与尾鳍相连。臀鳍后端亦与尾鳍相连，具 2 枚鳍棘 41 根鳍条。胸鳍短圆形。背侧面灰褐色，腹面浅黄色，体侧具暗褐色云状斑块。分布于渤海、黄海。该科另一常见种为缝鳚（*Azunma emmnion*，彩图 93），较典型特征为头背部有许多皮膜状突起。为黄渤海常见小型鱼类。

7. 鰕虎鱼亚目（Gobioidei）

本亚目体长圆形（侧面观）乃至鳗形，被以圆鳞或栉鳞，鳞片或呈退化状，或完全无鳞。无侧线。腹鳍胸位,各由 1 枚鳍棘,4 或 5 根鳍条组成,左、右腹鳍颇为接近,或在大多数种类内愈合为一鳍,形成一完整的圆形或长形的吸盘。背鳍鳍棘均颇细弱而柔软,不呈坚硬的刺状。鳃盖膜与颊部相连,鳃孔侧位,常狭窄。一般无鳔及幽门盲囊。大多为肉食性。

(1)鰕虎鱼科(Gobiidae)代表种:矛尾复鰕虎鱼(*Synechogobius hasta*,彩图90),头大,略扁平状。吻中长,圆钝。口裂大,下颌微突出,齿小而细密。眼小,上侧位,眼间隔宽平。体被圆鳞,尾部鳞大。背鳍两个,分离。腹鳍发育成吸盘状。尾鳍尖长。体表黄褐色,有不规则暗淡斑纹。腹部色浅,性成熟期呈淡黄色,腹鳍泛红。主要分布于北太平洋西部,在我国黄渤海海域分布极广,是北方沿海地区钓鱼人喜钓的鱼种。

(2)弹涂鱼科(Periophthalmidae)代表种:弹涂鱼(*Scartelaos viridis*,彩图91),体圆,头大。吻短钝。眼明显外突,位于头顶前方。眼间隔呈一细沟。上、下颌各具齿 1 行。无侧线。背鳍 2 个,彼此分离。胸鳍基部具臂状肌柄。腹鳍胸位,左右愈合成心脏形的吸盘。尾鳍椭圆。体青灰色,背鳍、尾鳍与体侧均具浅蓝色小圆点。在我国,分布于沿海各江河口。

8. 攀鲈亚目(Anabantoidei)

本亚目具有辅助呼吸的鳃上器官,由第一鳃弓的上鳃骨等扩大特化而成。鳔后室扩大。腹鳍胸位,棘 1 枚,有时退化。被圆鳞或栉鳞。本目分为 3 科,即攀鲈科、斗鱼科、鳢科。

鳢科代表种:乌鳢(*Channa argus*,彩图 97,俗名黑鱼),体黑褐色,背圆鳞,上有许多斑点很像蝮蛇花纹,头如蛇头,头两边鳃弧上部有"鳃上器",有呼吸空气的本能,口裂大,捕食方便。分布于各大淡水流域,是一种常见的食用鱼。

9. 䲟亚目(Echeneoidei)

本亚目第一背鳍变成 1 个长椭圆形的吸盘,位于头的背侧。第二背鳍及臀鳍均无鳍棘。腹鳍胸位。前颌骨发达,具牙齿。鳞小,圆形。无鳔。本亚目只有䲟科(Echeneidae),分布于热带及温带海洋中。在我国有 3 属,即䲟属(*Echeneis*)、短䲟属(*Remora*)和大盘䲟属(*Rhombochirus*)。

代表种:䲟鱼(*E. naucrates*,彩图 95),体细长,前端平扁,向后渐尖,渐成圆柱状。头稍小,头及体前端的背侧平扁,有一长椭圆形吸盘,头的腹侧稍圆凸。吻前端略尖。眼小,侧位,眼间隔全由吸盘占据。背鳍 2 个,第一背鳍变成吸盘,吸盘是由 22~25 对软骨板组成。第二背鳍长,始于肛门后上方的附近,前端鳍条较长,最后鳍条的末端伸不到尾鳍基。广泛分布于世界热带亚热带和温带海域,在中国沿海均产。游泳能力较差,主要靠头部的吸盘吸附于游泳能力强的大型鲨鱼或海兽腹面,有时吸附于船底被带到世界各海洋。

四、实验报告及作业

(1)写出鲈形目各亚目鱼类分类的形态特征。

(2)比对检索表自选 10～20 尾不同鱼标本进行鉴定分类,参照下面的例子列出其分类地位并注明学名、地方俗名;

例1:硬骨鱼纲、辐鳍亚纲:

鲈形总目

鲈形目

鲈亚目

鮨科:鲈鱼、宝石石斑鱼、青石斑鱼

鲹科:竹荚鱼、大甲鲹、蓝圆鲹、沟鲹

石首鱼科:大黄鱼、小黄鱼、黄姑、棘头梅童鱼

鲷科:真鲷、黑鲷

丽鱼科:尼罗罗非鱼

刺鱼目

管口鱼亚目

烟管鱼科:烟管鱼

海龙亚目

海龙科:尖海龙、日本海马

(3)参照图 2-5-1 与标本,简要叙述区别蓝圆鲹、大甲鲹和竹荚鱼的形态结构特征。

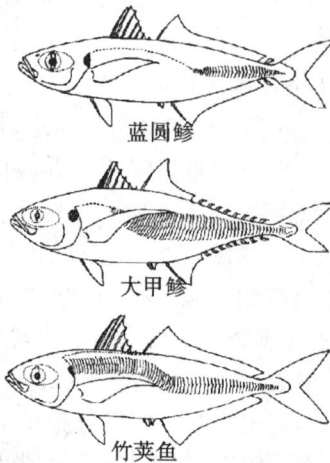

蓝圆鲹

大甲鲹

竹荚鱼

图 2-5-1

实验六　鱼类的分类检索(五)
——鲽形目、鲉形目、鲀形目、海娥鱼目、鮟鱇目的分类

一、实验目的

通过多媒体课件的讲解与多媒体电子图片,了解鲽形目、鲉形目、鲀形目、海娥鱼目、鮟鱇目的分类结构与形态特征。通过观察各目及各亚目鱼标本,掌握各目及各亚目的主要形态特征,熟记常见经济种类的学名与俗名,熟练掌握分类检索表的使用方法。

二、实验材料与器材

1.实验材料

鲽形目、鲉形目、鲀形目、海娥鱼目、鮟鱇目常见经济鱼类标本或鲜活鱼。

2.器材

解剖盘、镊子、解剖镜、显微镜、量鱼板等。

三、实验内容与方法

对所给实验鱼标本进行详细观察,并根据体形、鳍的形态结构、鳞片结构、眼睛的位置、棱棘的位置等形态结构特征对照参考图和检索表进行分类。

(一)鲽形目、鲉形目、鲀形目、海娥鱼目、鮟鱇目的检索表

检索表

1(2)体左右不对称;两眼位于头的一侧　……………………… 鲽形目 Pleuronectiformes

2(1)体左右对称;两眼位于头的两侧或背部

3(4)体略侧扁,头部基本有骨板、棘、棱 ……………………… 鲉形目 Scorpaeniformes

4(3)体略圆,上颌骨与前颌骨愈合,腹鳍一般不存在……………… 鲀形目 Tetraodontiformes

5(6)体前部平扁形,上颌骨与前颌骨不固结

6(7)口小、下位;无齿;腹鳍前腹位,无鳍棘 ……………………… 海娥鱼目 Pegasiformes

7(6)口大、上位;具齿;腹鳍喉位,具鳍棘 ……………………… 鮟鱇目 Lophiiformes

1.鲽形目(Pleuronectiformes)

本目身体甚为侧扁,成鱼的身体左右不对称。两眼位于头部的左侧或右侧;口、齿、偶鳍等多呈现不对称状态;肛门通常不在腹面正中线上,两侧的体色亦有所不同,无眼侧通常无色素。除鲽类外,各鳍均无鳍棘,背鳍与臀鳍基底均长。成鱼一般无鳔。一般分为3个亚目,分别是鲽亚目(Psettodoidei)、鲽亚目(Pleuronectoidei)、鳎亚目(Soleoidei)。

亚目和科检索表

1(2)背鳍和臀鳍前端有鳍棘;背鳍始于项背;峡部略凹窄,不为深凹刻状;犁骨、腭骨均有齿
.... 鲽亚目 Psettodoidei

鲽科 Psettodidae

2(1)背鳍、臀鳍无棘;背鳍始于眼或吻的背侧;峡部为深凹刻状;腭骨无齿,犁骨大多亦无齿

3(10)前鳃盖骨后缘常游离;无眼侧鼻孔近头背缘,左右不对称;口常前位............
.... 鲽亚目 Pleuronectoidei

4(5)两眼位于头的右侧,有些有反常个体 .... 鲽科 Pleuronectidae

5(4)两眼位于头的左侧,有些有反常个体

6(7)鳃膜分离;腹鳍甚短,有1枚鳍棘5根鳍条;尾鳍23根鳍条,中部15鳍条,有分支 ......
.... 棘鲆科 Citharidae

7(6)鳃膜互连,腹鳍无鳍棘,6根鳍条;尾鳍17~18根鳍条,中部部分鳍条分支或均不分支

8(9)偶鳍有分支鳍条;腹鳍甚短,近似对称;两侧侧线发达 .... 牙鲆科 Paralichthyidae

9(8)偶鳍无分支鳍条,腹鳍不对称,常仅有眼侧侧线发达 .... 鲆科 Bothidae

10(3)前鳃盖骨后缘不游离;无眼侧鼻孔位较低,左右近似对称;口前位到下位
.... 鳎亚目 Soleoidei

11(12)两眼位于头的右侧 .... 鳎科 Soleidae

12(11)两眼位于头的左侧 .... 蛇鳎科 Cynoglossidae

(1)鲽亚目(Psettodoidei):本亚目只有1个鲽科(Psettodoidei),只有1属2种,多生活在暖热的海洋中。在我国只见于南海的大口鲽(*Psettodes erumei*)。

代表种:大口鲽(*Psettodes erumei*,图1),体长椭圆形(侧面观),很侧扁。背鳍始于项背,臀鳍始于胸鳍后方,均不连尾鳍。偶鳍都有分支鳍条;左、右胸鳍相似,侧位,腹鳍鳍基短,近似对称。尾鳍后端双截形。鳞中等大。两眼兼有鲆及鲽特征,上眼接头背中线。鼻孔每侧2个,两侧对称。口大,前位,斜形,上颌达眼远后方,有辅颌骨。两颌牙发达。鳃盖膜分离且游离。有眼侧头体暗褐色。在我国分布于东海南部。

(2)鲽亚目(Pleuronectoidei):可分为2科。①鲆科(Bothidae),两眼均位于头部左侧(偶有反常个体);②鲽科(Pleuronectidae),两眼均位于头部右侧(偶有反常个体)。

1)鲆科(Bothidae)代表种:大菱鲆(*Scophthatmus maximus*,俗名多宝鱼,图

2），身体侧扁平，近菱型，双眼位于左侧。有眼侧呈青褐色，具疣状皮刺，无眼侧光滑白色。背鳍与臀连续，较长，无硬棘。大菱鲆主要产于大西洋东侧沿岸，是名贵的低温经济鱼类，是东北大西洋沿岸的特有名贵鱼种之一。自然分布区北起冰岛，南至摩洛哥附近的欧洲沿海。大菱鲆生长迅速，其经济价值高，饵料转换率高，抗病力强，耗氧量低，适合高密度养殖，是个很有发展前途的优良养殖品种。

牙鲆（*Paralichthys olivaceus*，俗名比目鱼、偏口、左口，彩图100），身体侧扁平，略延长，近卵圆形（侧面观），双眼位于头部左侧。有眼侧被小栉鳞，呈褐色，具暗色或黑色斑点，无眼侧被圆鳞，呈白色。侧线鳞123～128，左右侧线同样发达。口大，前位，口裂斜，左右对称。背鳍始于上眼前缘附近，尾鳍后缘呈双截形。在我国主要分布于渤海、黄海、东海、南海以及朝鲜、日本、俄国远东沿岸海区。

2）鲽科（Pleuronectidae）代表种：高眼鲽（*Cleisthenes herzensteini*，俗名高眼、偏口，彩图103），体侧扁略呈扁菱形，眼大而突出，两眼均在头部右侧，上眼位高，位于头背缘中线上。两侧口裂稍不等长，两颌各具尖齿1行。侧线完全，在胸鳍上方无弯曲，侧线鳞78～82。有眼一侧被弱栉鳞，体呈黄褐色或深褐色，无斑纹。无眼一侧白色，被圆鳞。尾鳍双截形，尾柄长。分布于北太平洋西部近海，在我国的黄海和渤海产量多，东海较少。

木叶鲽（*Pleuronichthys cornutus*，俗名鼓眼、花盖、八角子，彩图101），体侧扁，略高，近菱形，两眼突出均在头的右侧。有眼一侧体褐色或红褐色，分布有不规则的暗色斑点，无眼一侧为白色。背、腹面均被小圆鳞，体表黏液多而滑。侧线较平直，尾鳍近圆形。口小，两侧口裂不等长，牙细小。眼间隔窄，呈脊状隆起，前、后各有小棘。分布于太平洋西部。在我国沿海均产，其中黄海、渤海产量较多。

石鲽（*Kareius bicoloratus*，俗名石板、石夹子，彩图102），石鲽鱼与高眼鲽外形近似。鳞退化，有眼侧近背鳍、腹鳍边缘形成坚硬、形状不规则的骨板数块。头小，略扁。两眼均在头的右侧，有眼一侧呈褐色或灰褐色，无眼一侧呈银白色。口中大，牙小，齿为钝圆锥形。侧线较直，明显，前部微突起。主要分布于温带及寒带地区，在我国，石鲽主要产于黄海、渤海。在我国沿海其他常见鲽科种类还有黄盖鲽（*Pleuronectes yokohamae*，黑白图51）、条斑星鲽（*Veraspe rmoseri*，黑白图52）、圆斑星鲽（*V. Variegatus*，黑白图53）。

（3）鳎亚目（Soleoidei）

本亚目共2科，即鳎科（Soleidae）和舌鳎科（Cynoglossidae），前者两眼长在头的右侧，后者两眼长在头的左侧。

1)鳎科(Soleidae)代表种:带纹条鳎(*Zebrias zebra*,俗名虎舌、花舌头,彩图104),体呈舌状,眼睛小,眼间隔平坦,两眼均在头的右侧。体两侧均被小栉鳞,头前部的鳞变形为绒毛状感觉突。口小,两侧口裂不等长。颌不发达,牙细小,仅无眼一侧两颌有绒毛状齿带。有眼侧体呈黄褐色,自头至尾密布深褐色横带花纹且上、下均延伸至背鳍和臀鳍,尾端背面有艳黄色纵点花纹6～7条。无眼一侧胸鳍退化,体呈乳白色。背鳍、臀鳍和尾鳍全相连接。侧线明显,呈直线状。分布于太平洋西部。在我国沿海一带均产,尤以东海产量最多。

2)舌鳎科(Cynoglossidae)代表种:半滑舌鳎(*Cynoglossus semilaevis*,彩图105),体扁平,呈舌状。鳞小,有眼侧被栉鳞,无眼侧被圆鳞。背鳍及臀鳍与尾鳍相连续,鳍条均不分支。无胸鳍,仅有眼侧具腹鳍,以膜与臀鳍相连。尾鳍末端尖。有眼侧呈褐色,无眼侧乳白色。有眼侧有三条侧线分布于身体的中央和两侧鳍的基部。雌雄个体差异非常大。分布于我国沿海,黄渤海较多。

2.鲉形目(Scorpaeniformes)

本目头部常具棱、棘或骨板。体被栉鳞、圆鳞绒毛状突起、骨板或光滑无鳞。全世界有7亚目25科266属约1271种。中国有7亚目17科114属228余种。本目鱼体形态变化较大,种类较多,分布范围广。多数底栖,游泳能力差,活动范围小。有些种类如毒鲉科的鱼,头棘或鳍棘连附毒腺,被其刺伤后易产生剧痛,伤口肿胀,严重者甚至危及生命。

亚目和科的检索表

1(2)胸鳍特别延长扩大,大于头长2倍;左右鼻骨愈合;无下肋骨 … 豹鲂科 Dactylopteridae

2(1)胸鳍正常;左右鼻骨不愈合;有上、下肋骨

3(18)头部常侧扁,头部稍平扁或头体平扁;肋骨连在椎体横突上

4(13)头体侧扁或头部稍平扁

5(12)头部具棘棱或骨板;背鳍鳍棘均发达

6(11)背鳍起点位于头后 ……………………………………… 鲉亚目 Scorpaenoidei

7(10)头部无骨板;吻侧无吻或吻棘

8(9)体被鳞;鳃盖膜不连峡部;腹鳍15根鳍条 ……………… 鲉科 Scorpaenidae

9(8)体无鳞;鳃盖膜连于峡部;腹鳍1枚棘4～5根鳍条 ……… 毒鲉科 Synanceiidae

10(7)头部具骨板;吻侧有吻突或吻棘;胸鳍下方有3根游离鳍条 ……… 鲂鮄科 Trigidao

11(6)背鳍起点位于眼的后上方、上方或前方 ……………… 前鳍鲉亚目 Congiopodoidei

12(5)头部无棘或骨板;背鳍棘细弱,头体均被鳞 ……………… 六线鱼亚目 Hexagrammoidei

六线鱼科 Hexagrammidae

13(4)头体均平扁

14(17)体被鳞 ……………………………………………… 鲬亚目 Platycephaloidei

15(16)臀鳍3枚鳍棘5根鳍条 ……………………………… 短鲬科 Parabembridae

短鲬 *Parabembras curtus*

16(15)臀鳍无鳍棘,棘棱显著 ·· 鲬科 Platycephalidae

17(14)体无鳞,体背面和上侧面被骨板 ··· 棘鲬亚目 Hoplichthyoidei 棘鲬科 Hoplichthyidae

18(3)头体前部稍平扁,后部侧扁;肋骨连在椎体上 ························· 杜父鱼亚目 Cottoidei

19(22)两腹鳍不愈合成吸盘

20(21)肛门腹位;体躯圆筒形,有时具骨板 ························· 杜父鱼科 Cottidae

21(20)肛门胸位;接近腹鳍;体八角形,具 8～12 纵列骨板 ············· 八角鱼科 Liparidae

22(19)两腹鳍愈合成吸盘;背鳍 1 个;臀鳍基底甚长 ·················· 狮子鱼科 Liparidae

(1)鲉亚目的形态特征:体延长,略侧扁。头大,有棘突或棘棱。口大,齿锐利。眼中大至大。侧线一条且完整。背鳍棘发达,强状;胸鳍发达,有些种胸鳍下方具游离鳍条;各鳍之硬棘基部均有毒腺。体色多变化。广泛分布于全世界热带至温度海域,极少数为淡水种。

1)鲉科代表种:许氏平鲉(*Sebastes schlegeli*,俗名黑鲪、黑头,彩图 106),体长、侧扁。吻较尖,下颌长于上颌,两颌、犁骨及胯骨均具细齿带,上颌外侧有一条黑纹。头部背棱较低,其后端具尖棘。眼大、高位,眼间隔约等于眼径,眶前骨下缘有 3 枚钝棘。背鳍 1 个,中间有缺刻,具 13 枚鳍棘、12 根鳍条;胸鳍较大;尾鳍圆形,臀鳍具 3 枚棘、7 根鳍条。全身除两颌、眶前骨和鳃盖无鳞外均被细圆鳞。背及两侧灰褐色,具不规则黑色斑纹,胸腹部灰白色。背鳍黑黄色,其余各鳍灰黑色。分布于北太平洋西部。在我国东海、黄海和渤海均产,为近海常见底栖种类。常见的还有汤氏平鲉(*S. thompsoni*,彩图 107)、铠平鲉(*S. hubbsl*,彩图 108)、褐菖鲉(*Sebastius marmoratus*,彩图 109)、裸胸鲉(*Scorpaena izensis*,彩图 113)、翱翔蓑鲉(*Pterois volitans*,彩图 110)。

2)毒鲉科代表种:

日本鬼鲉(*Inimicus japonicus*,彩图 111),体延长,头部粗大,尾侧扁。头部背侧面有凹窝和棘突。吻圆钝,前颌骨突起。眼小,上侧位。口裂大,上位。下颌弧形上突,下方具 2 对皮须。鳃盖骨有 6 枚棘。体光滑无鳞。头部、体前端、胸鳍前部均有边瓣。背鳍棘发达,端部露出,鳍膜深凹具毒腺。胸鳍宽大,下部具 2 根游离鳍条。

头体颜色随环境而变化。一般体呈褐色,常有红、蓝色斑点。胸鳍和尾鳍有黄色或白色斑纹。分布于我国、朝鲜半岛、日本等沿海。

单指虎鲉(*Minous monodactylus*,彩图 112),体小,延长,头大,尾部稍侧扁,头背侧面具棘。鳃盖膜与头部相连。体光滑无鳞,呈灰红色,腹面白色,背侧具数条不规则暗色条纹,体侧中部具 2 条褐色纵纹。背鳍鳍棘膜上端黑色,膜基部具毒腺。尾鳍灰色,具 3 条白色横纹。在我国,单指虎鲉分布于黄海、东海及南海,是常见种,不具经济价值。

3)豹鲂鮄科代表种:东方豹鲂鮄(*Dactyloptena orientalis*,彩图114),体延长,向后渐渐缩小;头钝,方形,表面被硬骨;颈后头骨向后延伸成一硬棘。体被骨质有粗棱的细鳞。胸鳍宽大,展开如翼,前部具6条鳍条,稍短,后部鳍条长至尾基,鳍条不分枝。背部体色暗红,具蓝紫色暗纹,腹部浅红色。各鳍均暗红色,具浅蓝色斑点。在我国,东方豹鲂鮄分布于东海、南海。

4)鲂鮄科代表种:

短鳍红娘鱼(*Lepidotrigla microptera*,彩图115),体延长,近柱状,前部粗大,向后渐细。头大,近方形。吻端中央凹入,两侧圆钝,各具几个小棘,边缘有锯齿,上下颌及犁骨具绒毛状牙群。头部背面及两侧均被骨板。体被大栉鳞。头和背部深红色,腹侧为乳白色。背鳍2个,其基部两侧各有一纵列有棘楯板。第1背鳍后上方有一红斑;胸鳍宽大位低、内侧呈红色;其下方有3条指状游离鳍条;尾鳍浅凹形,上叶略长于下叶;背、臀鳍呈浅红色。在我国,短鳍红娘鱼产于东海、黄海和渤海。

绿鳍鱼(*Chelidonichthys kumu*,彩图116),体延长,近柱状,前部粗大,后部渐细。头大,近方形,吻角钝圆,两颌及犁角具绒毛齿。头部、背面与两侧均被骨板,体被小圆鳞。头部及背侧面红色并有黄色网状斑纹。背鳍两个,分离,其两侧各有1纵列棘楯板;胸鳍长而宽大、位低,下方有3条指状游离鳍条,内侧为具斑点的艳绿色;尾鳍截形,后缘白色。分布在印度洋和太平洋西部。在我国沿海均产。

(2)鲬亚目(Platycephaloidei)鲬科代表种:鲬鱼(*Platycephalus indicus*,彩图117),体延长而平扁,向后渐细。头宽,甚平扁,吻背面近半圆形,下颌长于上颌,两颌、犁骨及颚骨均有绒毛状牙群。前鳃盖骨后缘有2个尖棘,背面及体两侧均有带小棘的骨棱。体被小而不易脱落的栉鳞,全身大部呈黄褐色且间有小黑斑点,腹侧淡黄色。背鳍2个,分离,第一背鳍前、后各有一个游离的短鳍棘,胸鳍大而圆;腹鳍始于胸鳍后方;背鳍和臀鳍各有13根鳍条;尾鳍截形。分布于印度洋和太平洋西部。在我国沿海均产,黄、渤海产量较多。

(3)六线鱼亚目(Hexagrammoidei)六线鱼科代表种:大泷六线鱼(*Hexagrammos otakii*,俗名黄鱼、海黄鱼,彩图118),体长,略侧扁,背鳍一个颇长,连续,鳍棘部与鳍条部之间有一深凹,鳍棘部后上方有一显著黑棕色大斑。眼后缘有一羽状(皮质)突起,体被小栉鳞,易脱落。侧线完全,每侧各有5条,其中第4条侧线始于胸鳍基下方附近,向后止于腹鳍后端的前上方。体黄褐色,通体有虫纹状白色斑点,背部黄色较深,腹部浅,此外,自眼隔到尾柄背侧有9个灰褐色大暗斑。臀鳍浅绿色,有多条黑色斜纹。尾鳍截形,灰褐色。分布于太平洋北部浅海。在我国黄海、渤海有一定产量。

（4）杜父鱼亚目（Cottoidei）：

1）杜父鱼科代表种：绒杜父鱼（*Hemitripterus villosus*，彩图119），体粗圆，尾侧扁，头大，凹凸不平，稍平扁。吻短，口宽大，前上位。体粗糙，无鳞，被骨质瘤状突起和绒毛状小刺。头部背面和下颌缘具发达的皮瓣。背鳍2个，腹鳍胸位。尾鳍后缘微凸，均为不分枝的鳍条组成。体背侧灰褐色，具大小、形状不规则的棕色斑块。腹侧淡白。背鳍和臀鳍褐色，具不规则斑纹。胸鳍、尾鳍具褐色横纹。头部下方和腹部灰绿色。分布于我国黄海、东海及朝鲜半岛、日本沿海。

2）狮子鱼科代表种：细纹狮子鱼（*Liparis tanakae*，彩图120），体延长，后部侧扁，无鳞，皮肤松软密具砂粒状小刺，侧线消失。体色红褐色，腹侧黄白色。身体两侧具许多黑褐色纵行细纹。背鳍、臀鳍较长，与尾鳍相连。各鳍均呈黑色，鳍条末端白色。分布于我国黄海、东海北部及朝鲜半岛、日本沿海。

3.鲀形目（Tetrodontiformes）

本目体近棒锤形，粗短。皮肤裸露或被有刺、骨板、粒鳞；上颌骨常与前颌骨愈合，齿锥形或门齿状或愈合为喙状齿板；腹鳍胸位或连同腰带骨一起消失。本目分为4个亚目：鳞鲀亚目（Balistoidei）、箱鲀亚目（Ostracioidei）、鲀亚目（Tetraodontoidei）、翻车鲀亚目（Moloidei）。

亚目和科的检索表

1（10）有腹鳍；背鳍及腹鳍有鳍棘，齿门齿状，不愈合为齿板 ………… 鳞鲀亚目 Balistoidei

2（5）左右腹鳍各有1枚大鳍棘；背鳍有2～6枚鳍棘

3（4）第一背鳍各鳍棘均发达；尾鳍圆形或截形 ………… 拟三刺鲀科 Triacanthodidae

4（3）第一背鳍仅第一鳍棘粗大，余均细弱；尾鳍叉形 ………… 三刺鲀科 Triacanthidae

5（2）左右腹鳍仅共有1枚短鳍棘；背鳍有2～3枚鳍棘

6（9）无须，体长椭圆形或近菱形

7（8）体被骨板状鳞 ………………………………………………… 鳞鲀科 Balisidae

8（7）体被绒毛状棘或棘状小鳞 ………………………………… 革鲀科 Aluteridae

9（6）下颌下方具1长须；体细长型，有绒状小鳞 ………… 须鲀科 Psilocephalidae

10（1）无腹鳍；背鳍无鳍棘

11（14）齿不愈合成齿板；体被骨板，形成体甲 ………… 箱鲀亚目 Ostracioidei

12（13）体甲6棱，在背鳍及臀鳍后方不闭合 ………… 六棱箱鲀科 Aracanidae

13（12）体甲3～5棱，在背鳍及臀鳍后方闭合 ………… 箱鲀科 Ostraciontidae

14（11）齿愈合成2～4枚齿板；体被小棘或裸露

15（20）体一般近圆筒形；尾柄和尾鳍发达；有气囊和鳔 ………… 鲀亚目 Tetraodontoidei

16（17）上下齿板都有中央缝；体光滑或具小棘 ………… 鲀科 Tetraodontidae

17（16）上下齿板无中央缝；或仅上颌齿板有中央缝

18(19)上颌齿板有中央缝;下颌齿板无中央缝;体长无棘 …………… 三齿鲀科 Triodontidae

19(18)上下齿板无中央缝;休被长棘 ………………………………… 刺鲀科 Diodontidae

20(15)体甚侧扁,后端截形;无尾柄和尾鳍;无气囊亦无鳔 ………… 翻车鲀亚目 Moloidei

　　　　　　　　　　　　　　　　　　　　　　　　　　　　　　　翻车鲀科 Molidae

　　(1)鳞鲀亚目(Balistoidei):我国现分为 5 科,检索时常用的主要特征:①腹鳍分离还是合一;②尾鳍形态;③鳞的形态;④下颌是否有须。分布面广较多见的以革鲀科(Aluteridae)为主。

　　1)鳞鲀科(Balisidae)代表种:卵圆疣鳞鲀(*Canthidermis maculatus*,彩图 122),体侧扁,侧面观呈卵圆形。体背侧呈蓝黑色,腹侧呈灰白色,全身布满灰白色小点。第 1 背鳍具 3 枚硬棘,无腹鳍,各鳍均为暗蓝黑色。在我国,卵圆疣鳞鲀分布于东海南部、南海、台湾海峡。

　　2)革鲀科(Aluteridae)代表种:绿鳍马面鲀(*Navodon septentrionalis*,黑白图 54),体较侧扁,侧面观呈长椭圆形,与马面相像。头短,口小,牙门齿状。眼小,位高,近背缘。鳃孔小,位于眼下方。鳞细小,绒毛状。体呈蓝灰色,无侧线。第一背鳍有 2 枚鳍棘,第一鳍棘粗大并有 3 行倒刺;腹鳍退化成一短棘附于腰带骨末端不能活动;臀鳍形状与第二背鳍相似,始于肛门后附近;尾柄长,尾鳍后缘截形,鳍条墨绿色。第二背鳍、胸鳍和臀鳍均为绿色,故而得名。分布于太平洋西部。在我国,绿鳍马面鲀主要产于东海及黄、渤海,东海产量较大。

　　黄鳍马面鲀(*Navodon xanthopterus*,面包鱼、剥皮郎、牛鱼,黑白图 55),体长椭圆形(侧面观),侧扁。背鳍两个,分离。第一背鳍的第一鳍棘很粗大,为头长的 1.3～1.6 倍。第二背鳍鳍棘很短小,藏于背部凹沟内。臀鳍与第二背鳍近似。胸鳍侧位,小刀状。左、右腹鳍退化,只剩下一个短棘不能活动。尾柄细,尾鳍后缘截形。除吻前缘外,头、体全部被小鳞,并有细短绒状小刺,小刺大部排成横纹状。通体橘黄色。分布于太平洋西部。在我国南海产量较大。沿海常见的还有丝背细鳞鲀(*Stephanolepis cirrhifer*,彩图 121)。

　　(2)箱鲀亚目(Ostracioidei):我国现有 2 科 6 属 10 种,常见箱鲀科(Ostracidae)。箱鲀科的特征体短而高,包藏于具有 3～5 个棱脊的体甲内;尾部裸露,无鳞甲;背鳍一个,短小而无鳍棘;腹鳍消失。

　　代表种:角箱鲀(*Ostracion cornutus*,彩图 123),头体被体甲,四棱形。背侧棱及腹侧棱分别在背鳍及臀鳍基的后方闭合。其后端各有一长棘。鳞特化为六角形骨板,尾柄裸露。头短高,眼侧上位,口小,上、下颌每侧各有 4～5 枚柱状齿,唇发达。无侧线。背鳍小,位肛门上方。臀鳍位于背鳍的后下方,形状相似。胸鳍侧下位。无腹鳍。尾鳍后缘截形。体甲淡黄色,或略带微绿色,小鱼背面有蓝黑色斑点。在我国,角箱鲀分布于南海、东海、黄海。常见种还有粒突箱鲀

(*O. cubicus*,彩图 124)。

(3)鲀亚目(Tetraodontoidei):体短,呈棒槌形,有尾柄。吻圆钝,口小,前位,齿愈合成骨板,多数种类露于唇外。体无鳞,通常体表或局部具强度不等的特化皮刺。背鳍 1 个,无腹鳍。本亚目鱼类种类多,分布广,有些种类在特定阶段进入淡水生活。多数栖息于底层,活动能力较弱。大多数种类体内含有河豚毒素,处理不当食后易引起中毒,甚至危及生命。在我国现知有 3 科 14 属约 47 种。常见有鲀科(Tetraodontidae)、刺鲀科(Diodontidae)。

1)鲀科(Tetraodontidae)代表种的形态特征:红鳍东方鲀(*Fugu rubripes*,彩图 125),体近圆筒形,背面和上侧面青黑色,腹面白色;体侧在胸鳍后上方有一白边黑色大斑,斑的前方、下方及后方有小黑斑。臀鳍白色,其他鳍黑色。头中大,吻圆钝,眼小,鼻孔每侧 2 个。口小,前位,上、下颌各具 2 个喙状牙板;鳃盖膜白色。头部与体背、腹面均被强小刺,背刺区与腹刺区分离。吻部、头部的两侧及尾部光滑,无小刺。体侧皮褶发达。主要分布于我国的黄渤海、东海等。

黄鳍东方鲀(*F. xanthopterus*,彩图 126),上、下颌各具齿 2 枚。其体背及腹面均被密生小刺。体上半部具蓝白两色相间的波状条纹。背鳍及胸鳍基部各有一蓝黑色斑块。腹面白色。上下唇、鼻囊及各鳍条均呈艳黄色。背鳍、臀鳍几乎相对。无腹鳍。尾鳍后缘截形或稍内凹。分布于沿海及江河口。

常见种还有菊黄东方鲀(*F. flavidus*,彩图 127)、双斑东方鲀(*F. bimaculatus*,彩图 128)、黑鳃光兔鲀等(*Laeviphysus inermis*,彩图 129)。

2)刺鲀科(Diodontidae)代表种形态的特征:六斑刺鲀(*Diodon holacanthus*,俗名刺鲀、刺乖、刺龟,彩图 130),小型海产鱼类。体长椭圆形(侧面观),稍平扁。头宽大。吻短。眼中等大。口小。上、下颌齿各愈合成一大齿状,边缘有钝小的突起。鳃耙 2 行,短小。鳞退化成长刺,棘能前后活动。无侧线。背鳍位于肛门的上方,为圆形小刀状。臀鳍位于背鳍基后半部的下方,形状与背鳍相似。胸鳍宽短。无腹鳍。尾鳍后缘钝圆形。背侧淡灰褐色,有 6 个大的黑斑。腹部白色。生活在暖温性海洋的底层。体内腹侧有气囊,当遇敌害时能膨大,体呈球形,各棘竖立,用以自卫。以甲壳动物等为食。内脏及生殖腺有毒。分布于大西洋、印度洋和太平洋。在我国,六斑刺鲀分布于南海、东海、黄海。

(4)翻车鲀亚目(Moloidei):只有 1 翻车鲀科(Molidae),包括 3 属 5 种,在我国现知有 3 属 3 种,常见的是翻车鲀(*Mola mola*)。

翻车鲀科(Molidae)代表种:翻车鲀(*Mola mola*,黑白图 56),体短,卵圆形(侧面观),很侧扁。尾部很短,无尾柄。头稍短小,吻部钝圆。眼小,侧位,稍高。口很小,端位。鳃孔小。无鳞,但体及鳍上均粗糙,有刺状或粒状突起,似革状。无侧线。背鳍 1 个,呈镰刀状,臀鳍与背鳍相对,同形;无腹鳍,胸鳍短小,圆形;

尾鳍很宽短。背侧灰褐色，两侧为银白色，腹侧为白色；各鳍亦为灰褐色。多栖息于热带和亚热带的海洋中，也见于温带甚至寒带。在我国，见于台湾、广东、广西及海南海域。

4. 海蛾鱼目（Pegasiformes）

代表种：海蛾（*Pegasue laternarius*，黑白图 57），体较宽，平扁，头及躯干被骨板，尾部被以可动的骨环。口下位，无齿。两鼻骨前部合并成一隆起而有齿状的吻部。无后耳骨、翼蝶骨、眶蝶骨和基蝶骨。无肋骨。胸鳍大，作水平状，有10～18 根不分支鳍条，鳍条下部坚硬如棘。只有一短的背鳍，奇鳍鳍条都不分支。腹鳍腹位，无鳔。

5. **鮟鱇鱼目（Lophiiformes）**

本目体平扁或侧扁。皮肤裸露或密被细小棘刺。第一背鳍通常具 1～3 个独立鳍棘，生在头的背侧，第一鳍棘变成吻触手。胸鳍具 2～4 块辐状骨，最下的一块延长。具中筛骨，顶骨有或无。无眶蝶骨、基蝶骨及后耳骨。胸鳍向适应海底爬行的方向发生特殊的变化。本目分 3 个亚目：**鮟鱇**亚目（Lophioidei）、**蹙鱼**亚目（Antennarioidei）和角**鮟鱇**亚目（Ceratoidei）。

（1）**鮟鱇亚目（Lophioidei）**：本亚目仅有 1 **鮟鱇科（Lophiidae）**，在我国产 4 属 6 种，常见的是**鮟鱇属**和黑**鮟鱇属**。

代表种：黄**鮟鱇**（*Lophius litulon*，彩图 131），体前半部平扁呈圆盘形，尾部柱形。头特别大而平扁，口宽大，口内有黑白斑纹，下颌有可倒伏的尖牙 1～2 行。体柔软、无鳞，背面褐色，腹面灰白色。头及全身边缘有许多皮质突起。背鳍前部有 6 枚相互分离的鳍棘，第一棘位于吻背面且顶端有皮质穗；胸鳍宽大，在身体两侧成臂状；臀鳍有 8～11 根鳍条。各鳍均为深褐色。分布于印度洋及北太平洋西部。在我国，黄**鮟鱇**产于东海北部以及黄海和渤海。

（2）**蹙鱼亚目（Antennarioidei）**：本亚目分 3 个科，蹙鱼科（Antennaridea）、蝙蝠鱼科（Ogcocephalidae）和单棘蹙科（Chaunacidae）。该目鱼类大多栖息于南海及台湾海峡，少数种类也在东海水域出现，属小型底栖鱼类。

1）蹙鱼科代表种：斑条蹙鱼（*Antennarius striatus*，彩图 132），体侧扁，卵圆形（侧面观），腹部膨大。头大眼小，吻短，钝圆。鳃孔小，圆形，位于胸鳍基下方。体无鳞，皮肤粗糙，密布细小颗粒状突起。背鳍具 3 枚分离鳍棘，第一鳍棘位于吻前端上颌中央，柄细长，顶端具穗状分支，形成吻触手；第二鳍棘紧接第一鳍后部，粗壮，基部包裹皮肤，顶端圆钝；第三鳍棘在头背面隆起部，短粗，被有皮膜，距第二鳍棘稍远，二者之间凹陷区皮肤光滑。背鳍条以膜相连，仅尖端外露。臀鳍偏后。胸鳍位于体侧下方，具一埋在皮下的假臂，腹鳍较小，近喉位，向两侧伸展。体浅棕色，腹部色浅，头背部密具不规则的黑色条纹，腹部具不规则的斑点，各鳍均具斑点。在我国,斑条壁鱼主要分布于东海、南海及台湾沿岸海域。

2)蝙蝠鱼科代表种:棘茄鱼(*Halieutaea stellata*,黑白图 58)。体平扁,头大圆盘状,尾部尖短。口大,前位,弧形。上颌突出,下颌微短,其下缘及口角具许多强棘。鳃孔小,位于胸鳍基部内侧的背方。体无鳞,背面具强棘,棘间皮肤密被绒毛状小刺。吻凹窝四周具强棘,头盘周缘具特强的硬棘,顶端具 2～5 枚小刺。尾部两侧亦具一行较大的强棘。头盘腹面左右侧沿周缘棘的内侧各具一行大棘,各大棘顶端亦具 2～4 枚小刺。腹部密布绒毛状细棘。无侧线。第一背鳍仅具 1 棘,位于吻凹窝内,短小强大形成吻触手;第二背鳍位于尾部,鳍基较短。臀鳍较大,位于尾部,与第二背鳍相对。胸鳍位于头盘后方,柄状,鳍条较长。腹鳍喉位,强大,位于头盘腹面中部,尾鳍发达,后缘截形。体色红,背面具许多由黑色小斑点连成的不规则网纹。背鳍胸鳍、尾鳍边缘黑色。臀鳍与腹鳍浅红色。在我国,棘茄鱼主要分布于东海、南海等。

四、实验报告及作业

(1)写出鲽形目、鲀形目、鲀形目、海蛾鱼目、鮟鱇鱼目的形态特征。

(2)比对检索表自选 10～20 种鱼标本进行鉴定分类,参照下面的例子列出其分类地位并注明学名、地方俗名。

(3)简要叙述鮟鱇类的主要分类特征。

第三部分
研究设计性实验

实验一 鱼类对水环境的抗逆性实验

一、实验目的

通过水环境的理化因子的改变,观察、分析、探讨鱼类在不同水温、pH、盐度水域环境中的致死或半致死临界点,找出不同鱼种生长的最适生活环境,为提高不同鱼类对环境改变的适应性与抗逆性提供理论依据。

二、实验原理

水环境因子是鱼类赖以生存的重要影响因子,任何一个因子的改变都会影响鱼类的生理机能。当某些因子或单一因子的改变达到鱼类机体所不能承受的极限时,就会导致鱼类假死或死亡。本实验旨在选择某一单一因子进行设计研究,探讨鱼类机体对环境改变的耐受能力。

三、实验材料与药品器材

1. 实验材料
活金鱼、草鱼、锦鲤。
2. 药品与器材
盐酸、工业粗盐、电炉、培养缸或烧杯、温度计、盐度计。

四、实验程序和基本要求

1. 分组
5~6 人为一个实验组。
2. 实验设计
每组选择一个实验环境因子进行单因子多梯度的实验设计,每个因子设计 5 个梯度,如温度实验可设 5℃、10℃、20℃、30℃、35℃ 5 个梯度。也可以再细分,从低致死温度到高致死温度之间设计 10 个梯度,两个实验组各 5 个梯度,每个梯度放置 5~10 尾鱼,设 3 个重复。分别进行低致死温度或高致死温度的实验。详细记录高、低致死温度每个梯度的致死时间和死亡率,两个组的最终实验结果与数据可以合并进行分析。

3.分工合作

根据实验设计进行分工,分头准备,快速进入实验阶段。

4.实验注意事项

(1)受试对象要健康、个体大小均匀;

(2)除实验因子外其他实验条件必须保持稳定;

(3)必须避免交叉因子对实验的影响;

(4)实验水体必须保证无有害物污染。

5.认真观察、详细记录实验中出现的任何现象与结果

五、实验结果及综合分析

	2℃	5℃	10℃	15℃	20℃
1					
2					
3					

(1)用表格形式详细记述实验结果。

(2)根据实验结果试述环境温度对鱼类生长、存活的影响;

(3)试述鱼类对盐度的适应范围与耐受能力,鱼类耐盐的抗逆性机制是什么?

(4)试述鱼类对 pH 的适应范围是多少? pH 改变导致鱼类死亡的生理原因?

六、实验报告

研究型实验报告的撰写方法可以参考科研论文的书写方法,格式和内容如下:

(1)题目:简明扼要,25 字以内;

(2)作者与班级:两人以上按贡献大小排名,并注明指导教师;

(3)摘要:按照目的、方法、结果、结论 4 个部分进行简述,字数 300 字以内;

(4)关键词:选择与实验内容密切相关的词,5 个以下;

(5)材料与方法:说明实验动物的来源及规格、实验用药品及仪器、实验设计、观察及检测指标、检测方法和数据处理方法等。

(6)结果与讨论:用文字和图表记述实验结果。根据结果结合有关理论和参考资料提出问题并进行分析、讨论。

(7)参考文献:按顺序列出重要参考文献,注明作者、标题、期刊(著作)、出版社、发表时间、卷期、起止页码等。

实验二 鱼类对污染的耐受性实验

一、实验目的

通过水环境的药源性污染,观察、分析、探讨鱼类在不同污染水域环境中的致死或半致死临界点,找出鱼类对环境污染的最大耐受能力,为改善水环境、提高不同鱼类对环境污染的抗逆性与抗病力提供理论依据。

二、实验原理

水体污染对鱼类的生长、发育、生殖均有极大的影响,轻者导致鱼类机体的机能失调,重者直接导致鱼类死亡。尤其是药源性污染,当其污染水体浓度达到鱼类机体所不能承受的极限时,就会导致鱼类假死或死亡。不同的鱼种对水体污染物有不同的敏感性或抵抗能力。本实验选择常见水环境污染药物进行设计研究,探讨鱼类机体对水环境药源性污染的耐受能力。

三、实验材料与药品器材

1. 实验材料

活金鱼、草鱼、锦鲤。

2. 药品与器材

尿素、次氯酸钠、氯化钾、培养缸或烧杯、温度计、盐度计。

四、实验程序和基本要求

1. 分组

自由结合 5～6 人为一个实验组。

2. 实验设计

每组选择一种药物进行单因子多梯度的环境污染急毒性实验设计,每种药物可设计 5 个实验浓度梯度,如尿素可设计 0 mg/L、3 mg/L、6 mg/L、9 mg/L、12 mg/L 5 个梯度。也可以再继续提高致死浓度梯度或细分致死浓度至 10～15 个梯度,1～3 个实验组各 5 个梯度,每个梯度放置 5～10 尾鱼,设 3 个重复,时间设定 100 分钟。分别进行药源性致死浓度的实验。详细记录所试药物的最低致死浓度和半致死浓度,同时记录每个梯度的致死时间和死亡率,同一种药物实验组的最终实验结果与数据可以合并进行分析。

3.分工合作

根据实验设计进行分工,分头准备,快速进入实验阶段。

4.实验注意事项

(1)受试对象要健康、个体大小均匀;

(2)除实验因子外其他实验条件如温度、光照、盐度、pH等必须保持稳定;

(3)必须避免交叉因子对实验的影响;

(4)实验水体必须保证无其他有害物污染。

5.认真观察、详细记录实验中出现的任何现象与结果

五、实验结果及综合分析

(1)用表格形式详细表述实验结果。

(2)根据实验结果试述尿素对鱼类生长、存活的影响。

(3)试述鱼类对农药的适应范围与耐受能力,鱼类耐药的抗逆性机制是什么?

(4)农药导致鱼类死亡的生理原因是什么? 损害最严重的是鱼类的何种器官?

(5)如果鱼类出现大批死亡,怎样判断是病源性死亡,还是环境污染导致的死亡?

六、实验报告

研究型实验报告的撰写方法参考科研论文的书写方法,格式和内容见"鱼类对环境的抗逆性实验"。

实验三　环境因素影响仔、幼鱼摄食的研究

一、实验目的

通过水环境各种理化因子的变化,观察、分析、探讨仔、幼鱼在不同水温、pH、盐度水域环境中的摄食情况,探讨不同鱼种仔、幼鱼的摄食特点、摄食量及其与环境因素的关系,为今后从事生态学研究与鱼类养殖奠定基础。

二、实验原理

摄食是鱼类生态学研究中的重要内容。鱼类的摄食状况是决定其生命、生长与发育的重要因素。外界环境如水温、pH、盐度、光照等任何一个因子的变化都会影响鱼类的摄食速率与摄食量,从而影响鱼类的生理机能与生长发育。本实验旨在选择水环境的某一单一因子进行设计研究,探讨不同鱼种仔、幼鱼在不同环境条件下的摄饵情况。

三、实验材料与药品器材

1. 实验材料

活金鱼、草鱼、锦鲤等。

2. 药品与器材

盐酸、工业粗盐、电炉、培养缸或烧杯、温度计、盐度计。

四、实验程序和基本要求

1. 分组

5～6 人为一个实验组。

2. 实验设计

每组选择一个实验环境因子进行单因子多梯度的实验设计,每个因子设计5 个梯度。例如,选择盐度单因子对仔、幼鱼摄食的影响实验,可根据淡水鱼和海水鱼分别设计盐度为 0、3、6、9、12 五个梯度和 24、27、30、33、36 五个梯度。每个梯度放置 5～10 尾鱼,设 3 个重复。在其他条件相同的情况下,同时进行实验。必须严格按照鱼类苗种养殖规范进行管理。每天定时、定量投饵、测温,更

换同盐度的水,并详细记录实验数据。每天定时收集剩余饵料,过滤后称重,置干燥箱中70℃烘干至质量不变。实验10天。实验结束后,统计与分析实验结果与数据。

3.分工合作

根据实验设计进行分工,分头准备,快速进入实验阶段。

4.实验注意事项

(1)受试对象要健康、个体大小均匀;

(2)饵料要新鲜、适口,投喂及时均衡;

(3)残饵收集要彻底,称量准确;

(4)除实验因子外其他实验条件如温度、光照、pH等必须保持稳定;

(5)必须避免交叉因子对实验的影响;

(6)实验水体必须保证无有害物污染。

5.认真观察、详细记录实验中出现的任何现象与结果

五、实验结果讨论及综合分析

(1)根据实验结果试述环境温度对鱼类摄饵量的影响。

(2)试述不同盐度下鱼类对饵料的摄食情况,对其生长发育有何影响?

(3)试述不同光照对鱼类摄饵的影响,以及不同彩色光对鱼类的摄饵有何影响?

(4)自拟题目进行实验、分析、讨论与论述。

六、实验报告

研究型实验报告的撰写方法参考科研论文的书写方法,格式和内容见"鱼类对环境的抗逆性实验"。

实验四　环境因素影响仔、幼鱼生长的研究

一、实验目的

通过水环境各种理化因子的变化,观察、分析、探讨鱼类在不同水温、pH、盐度水域环境中的适应性,找出鱼类仔、幼鱼生长的最适生活环境,掌握鱼类生态学研究的基本方法,为鱼类的苗种生产养殖提供最基础的理论依据。

二、实验原理

水温、pH、盐度、光照是鱼类赖以生存的重要影响因子,任何一个因子的改变都会影响鱼类的生理机能与生长发育。本实验旨在选择水环境的某一单一因子进行设计研究,探讨不同鱼种仔、幼鱼对不同环境的选择性与适应性。

三、实验材料与药品器材

1. 实验材料

活金鱼、草鱼、锦鲤等。

2. 药品与器材

盐酸、工业粗盐、电炉、培养缸或烧杯、温度计、盐度计。

四、实验程序和基本要求

1. 分组

5～6 人为一个实验组。

2. 实验设计

每组选择一个实验环境因子进行单因子多梯度的实验设计,每个因子设计五个梯度。例如:盐度实验可根据淡水鱼和海水鱼分别设计盐度为 0、5、10、15、20 五个梯度和 20、25、30、35、40 五个梯度。每个梯度放置 5～10 尾鱼,设 3 个重复。在其他条件相同的情况下,同时进行实验。实验时间需要 15～20 天,必须严格按照鱼类苗种养殖规范进行管理。每天定时更换同盐度的水、投饵、测温并详细记录实验数据,实验结束马上测量每个梯度、每尾鱼的体长与体重。

3. 分工合作

根据实验设计进行分工,分头准备,快速进入实验阶段。

4. 实验注意事项

(1)受试对象要健康、个体大小均匀;

(2)除实验因子外其他实验条件必须保持稳定;

(3)必须避免交叉因子对实验的影响;

(4)实验水体必须保证无有害物污染。

5. 认真观察、详细记录实验中出现的任何现象与结果

五、实验结果讨论及综合分析

(1)根据实验结果试述环境温度对鱼类生长、存活的影响。

(2)试述不同鱼种对盐度的适应范围与耐受能力,对其生长发育有何影响?

(3)试述不同鱼种对光照的适应范围是多少?昼夜光照对鱼类的生长有何影响?

(4)自拟题目进行实验、分析、讨论与论述。

六、实验报告

研究型实验报告的撰写方法参考科研论文的书写方法,格式和内容见"鱼类对环境的抗逆性实验"。

参考文献

[1] 孟庆闻,李婉端,周碧云.鱼类学实验指导[M].北京:中国农业出版社,1995

[2] 秉志.鲤鱼的解剖[M].北京:科学出版社,1960

[3] 苏锦祥,等.鱼类学与海水鱼类养殖[M].北京:中国农业出版社,1995

[4] 冯昭信,等.鱼类学[M].2版.北京:中国农业出版社,1997

[5] 孟庆闻,缪学祖,俞泰济,秦克静.鱼类学[M].上海:上海科学技术出版社,1989

[6] 孟庆闻,苏锦祥,李婉端.鱼类学比较解剖[M].北京:科学出版社,1987

[7] 殷名称.鱼类生态学[M].北京:中国农业出版社,1995

[8] 叶金聪.盐度对鲈鱼早期仔鱼生长及成活率的影响[J].福建水产,1997(1):15～18

[9] 周显青,牛翠娟,李庆芬.光照对鱼类生理活动影响的研究进展[J].生态学杂志,1999,18(6):59～61

[10] 李忠辉,杨太有.大口黑鲈和尖吻鲈骨骼系统的比较研究[J].动物学报,2001,47(专刊):110～115

[11] 蔡良候,等.盐度对鲻鱼前期仔鱼生长与存活的影响[J].福建水产,2002(1):20～23

[12] 姜志强,吴立新.鱼类学实验[M].北京:中国农业出版社,2004

[13] 上海水产学院.鱼类学和海水鱼类养殖[M].北京:农业出版社,1982

[14] 中国科学院海洋研究所.中国海洋鱼类原色图集[M].上海:上海科学技术出版社,1992

[15] 农业部水产司,等.中国淡水鱼类原色图集[M].上海:上海科学技术出版社,1993

[16] 中国水产杂志社.中国经济水产品原色图集[M].上海:上海科学技术出版社,1992

[17] 成庆泰,郑葆珊,等.中国鱼类系统检索[M].北京:科学出版社,1987

[18] 朱元鼎.中国软骨鱼类志[M].北京:科学出版社,1960

[19] 朱先鼎.东海鱼类志[M].北京:科学出版社,1962

[20] 伍献文,等.中国经济动物志[M].北京:科学出版社,1964

[21] 伍献文,等.中国鲤科鱼类志(上册)[M].上海:上海科学技术出版社,1964

[22] 伍献文,等.中国鲤科鱼类志(下册)[M].上海:上海科学技术出版社,1978

[23] 李永振,贾晓平,陈国宝,等.南海珊瑚礁鱼类资源[M].北京:海洋出版社,2007